PLANTES ET ALIMENTS TRANSGÉNIQUES

DU MÊME AUTEUR

Les Médicaments, collection « Microcosme », Le Seuil, 1969.
Évolution et sexualité des plantes, Horizons de France, 2e éd., 1975 (épuisé).
L'Homme renaturé, Le Seuil, 1977 (Grand prix des lectrices de *Elle*. Prix européen d'Écologie. Prix de l'académie de Grammont), rééd. 1991.
Les Plantes : amours et civilisations végétales, Fayard, 1980 (nouvelle édition revue et remise à jour, 1986).
La Vie sociale des plantes, Fayard, 1984 (rééd. 1985).
La Médecine par les plantes, Fayard, 1981 (nouvelle édition revue et augmentée, 1986).
Drogues et plantes magiques, Fayard, 1983 (nouvelle édition).
La Prodigieuse Aventure des plantes (avec J.-P. Cuny), Fayard, 1981.
Mes plus belles histoires de plantes, Fayard, 1986.
Le Piéton de Metz (avec Christian Legay), éd. Serpenoise, Presses universitaires de Nancy, Dominique Balland, 1988.
Fleurs, Fêtes et Saisons, Fayard, 1988.
Le Tour du monde d'un écologiste, Fayard, 1990.
Au fond de mon jardin (la Bible et l'écologie), Fayard, 1992.
Le Monde des plantes, Le Seuil, collection « Petit Point », 1993.
Une leçon de nature, L'Esprit du temps, diffusion PUF, 1993.
Des légumes, Fayard, 1993.
Des fruits, Fayard, 1994.
Dieu de l'Univers, science et foi, Fayard, 1995.
Les Langages secrets de la nature, Fayard, 1996.
De l'univers à l'être, Fayard, 1996.
Plantes en péril, Fayard, 1997.
Le Jardin de l'âme, Fayard, 1998.

Jean-Marie Pelt

PLANTES ET ALIMENTS TRANSGÉNIQUES

Fayard

À Gilles-Éric SÉRALINI,
professeur de biologie moléculaire
à l'université de Caen,
qui a bien voulu relire mon manuscrit
et m'a fait bénéficier de ses conseils et
de toute l'étendue de son savoir ;

À Étienne VERNET,
responsable d'ECOROPA-France,
qui suit avec grande vigilance l'évolution
du dossier des plantes transgéniques dans
les instances nationales et européennes ;

À l'un et à l'autre,
je tiens à exprimer mes sentiments de vive
amitié et de profonde estime pour leur
compétence, leur courage et la force
de leurs convictions.

La nature n'admet pas la plaisanterie ; elle est toujours vraie, toujours sérieuse, toujours sévère ; elle a toujours raison. Les fautes et les erreurs viennent toujours de l'homme.

GOETHE.

Pour entrer dans le débat

Le débat sur les plantes transgéniques est ouvert. Chacun s'interroge : que mangerons-nous demain ? Les arguments des uns et des autres s'affrontent et se confrontent. Comment y voir clair ? Qui croire et que croire ? Et d'abord, de quoi s'agit-il ?

Cet ouvrage entend faire le point sur ce sujet très polémique, développer des arguments, puis proposer certaines voies. À la manière d'un audit, *il a pour vocation de présenter le plus objectivement possible les pièces d'un dossier en vérité bien inquiétant. Mais chacun jugera en conscience. Notre but alors sera atteint : faire avancer la réflexion, dans le cadre d'un vrai débat démocratique, sur l'un des grands problèmes qui se présentent à nous à l'aube de l'an 2000.*

Un problème qui nous atteint dans notre chair, au plus intime de notre quotidien, puisqu'il concerne notre alimentation, notre santé et celle des êtres qui nous sont proches. Mais aussi un vrai problème de société qui conditionne d'ores et déjà les modes de vie de demain, donc l'avenir de nos enfants et des enfants de nos enfants.

CHAPITRE PREMIER

Une révolution technologique

Nous vivons une révolution technologique qui n'a pas de précédent dans l'Histoire. La montée en puissance des biotechnologies et des nouvelles techniques de la communication bouleverse en profondeur tous les modes de vie et de comportement. Leur développement s'accompagne d'un fracas médiatique et publicitaire exceptionnel lorsqu'il se traduit par exemple par la diffusion fulgurante du téléphone portable, d'Internet ou de toutes les formes du multimédia. La pénétration des biotechnologies est moins tapageuse, plus insidieuse mais au moins aussi efficace. En matière de communication, l'assentiment du consommateur est requis, puisque c'est lui qui décide ou non d'acquérir tel ou tel équipement dérivé des nouvelles technologies. Dans le domaine des plantes transgéniques qui va nous occuper, cet assentiment explicite n'est point nécessaire : les « grands » de l'agroalimentaire se chargent de nous imposer l'alimentation qu'ils nous ont concoctée sans nous demander le moins du monde notre avis. Dans l'un et l'autre cas, nous évoluons ou subissons sans repères ni références. La seule règle est la fuite en avant, une course éperdue stimulée par la mondialisation de l'économie et la poussée ultralibérale qui la sous-tend.

Alors que les climatologues supputent ce que pourra être la météo terrestre d'ici un siècle si notre globe vient à se réchauffer par aggravation de l'« effet de serre », ni les biologistes, ni les économistes, ni les informaticiens, ni les spécialistes de la communication ne s'interrogent sur ce que seront devenues nos sociétés à cet horizon. Pas davantage, bien sûr, les politiques. Quelles modifications profondes, peut-être irréversibles, auront marqué notre écosystème naturel, l'équilibre de notre santé, le fonctionnement du cerveau humain, les relations sociales, etc. ? Questions jamais posées, car l'économie, même quand elle feint de scruter les horizons lointains, ne connaît que l'intérêt immédiat et ce qui en décide. Quant aux politiques, ne sont-ils pas contraints par une conception sommaire de la démocratie d'avancer le nez dans le guidon, le regard rivé sur l'échéance de la prochaine consultation électorale ? Il revient donc aux écologistes de cœur et de raison de voir et réfléchir plus loin, et d'oser poser ce genre de questions. Sinon, qui le fera ?

Peut-on encore enrayer la rapide invasion des plantes transgéniques dans les champs, aux étals des magasins, jusque dans nos assiettes ? D'aucuns diront qu'il est déjà bien tard, voire trop tard. De fait, des millions d'hectares sont d'ores et déjà ensemencés, notamment aux États-Unis. Pourtant, la récente et dramatique affaire de la « vache folle » nous a appris qu'il faut des années avant que les conséquences désastreuses de choix malencontreux se manifestent par des accidents, voire des fléaux de santé publique.

Attention ! Veillons ici à éviter les amalgames : les problèmes posés par les plantes transgéniques n'ont rien à voir avec ceux liés à la « vache folle ». Mais ces plantes en posent d'autres, qu'il est urgent de prendre en considération, notamment en Europe, afin que toutes les mesures nécessaires soient décidées et appliquées pour éviter d'éventuelles mauvaises surprises.

Tout en avançant les quelques réflexions qui suivent, je souhaite ardemment et sincèrement me tromper dans l'évaluation des risques inhérents à l'aventure du transgénisme et à ses applications aux cultures et à l'alimentation humaine. Je me sens néanmoins en devoir de dire que l'examen attentif du dossier m'inspire de vives inquiétudes, et que s'impose donc à mes yeux un double souci de prévention et de prudence. Car mieux vaut prévenir que guérir, et, comme l'exprime si justement le langage populaire, deux précautions valent mieux qu'une.

C'est précisément du *principe de précaution* qu'il sera beaucoup question ici, puisque nous souhaitons que repose sur lui une approche prudente et mesurée du transgénisme en général, et de la culture des plantes transgéniques en particulier.

CHAPITRE II

De quoi s'agit-il ?

Au commencement était le gène. Depuis près d'un siècle, il occupe le cœur de la biologie moléculaire et a même contribué à désigner une nouvelle discipline au sein de cette science : le génie génétique. Un gène détermine ou contribue à déterminer un ou plusieurs caractères héréditaires de l'individu qui le contient : couleur des yeux, teinte des cheveux, pigmentation de la peau, ou, chez les végétaux, forme et disposition des feuilles, architecture des fleurs, résistance aux parasites, aptitude à synthétiser telle ou telle substance, etc. Si un seul gène peut parfois déterminer plusieurs caractères, l'inverse est aussi vrai : plusieurs gènes sont parfois nécessaires pour déterminer un seul caractère.

Les gènes sont des séquences de ces longues molécules filamenteuses disposées en double hélice, bien connues sous le sigle ADN (acide désoxyribonucléique), qui constituent en quelque sorte le squelette des chromosomes. L'ADN constitue le véritable support des caractères héréditaires et un gène est en somme l'un des maillons d'une longue chaîne d'ADN. Chez l'homme, les vingt-six paires de chromosomes contiennent environ cent mille gènes comportant la totalité de l'information nécessaire pour former et faire fonctionner un individu. À l'instar de l'être humain, chaque espèce végétale ou animale est pourvue d'un potentiel de gènes qui détermine l'ensemble de ses caractères héréditaires : c'est son patrimoine génétique propre et spécifique.

Les gènes se transmettent de génération en génération par les cellules sexuelles – spermatozoïdes et ovules – qui, en se fécondant, marquent le point de départ d'un nouvel individu selon les lois de l'hérédité découvertes au siècle dernier par le moine tchèque Gregor Mendel. Mais les cellules sexuelles ne peuvent se féconder qu'à condition d'appartenir à des individus d'une même espèce. Il est d'observation courante que des individus appartenant à des espèces différentes et éloignées les unes des autres ne peuvent se reproduire entre eux : pas de descendant entre un éléphant et un coquelicot, ni entre une girafe et une souris, ni même entre le blé et la marguerite qui occupent pourtant le même champ...

Ainsi allèrent de conserve l'homme et la nature jusqu'à l'aube de ces dernières décennies. Non point certes que l'homme n'ait tenté d'améliorer plantes et animaux en provoquant par exemple des hybridations entre individus appartenant à des variétés d'une même espèce, ou, cas de figure plus rares, entre espèces affines, si proches qu'il est difficile de les distinguer par le simple examen de leurs caractères morphologiques. Par ce jeu des hybridations, suivies de la sélection des meilleurs hybrides sur plusieurs générations, naquirent ainsi des plantes porteuses des caractères les plus favorables.

Jardiniers et horticulteurs ont produit de la sorte des plantes « améliorées » par sélection artificielle. Mais, jusqu'ici, ce dur et patient labeur des agronomes s'est toujours effectué dans le cadre des barrières séparant entre elles les espèces. On hybridait, on sélectionnait, mais ce travail ne portait ses fruits que s'il s'exerçait entre végétaux (ou animaux) possédant un patrimoine génétique semblable, celui de l'espèce à laquelle ils appartiennent, à la seule différence près de ces menues variations qui font de chaque individu une entité originale et unique (d'où la singularité des « empreintes génétiques » propres à chacun).

Insistons encore sur ce point : jusqu'ici, le travail d'hybridation s'effectuait à l'intérieur des barrières sexuelles séparant les espèces ; ces barrières, selon les cas, délimitaient strictement une espèce donnée, sans aucune possibilité d'hybridation avec quelque autre espèce que ce soit, ou, au contraire, englobaient des espèces très voisines (dites affines), par exemple l'âne et le cheval dont l'hybride, le mulet, est d'ailleurs stérile, ou comme le colza et la moutarde des champs qu'il est presque impossible de distinguer tant ils se ressemblent. Mais cette barrière sexuelle est toujours là qui isole une espèce – ou quelques espèces affines – de toutes les autres, interdisant entre elles toute descendance féconde. Elle est le signe d'un ordre fondamental inhérent à la nature, qui empêche les mélanges de gènes hors de ces étroites limites. Ce qui explique que, malgré tout leur talent, horticulteurs et agronomes ne nous ont jamais fourni les étranges « chimères[1] » que seraient une rose à pétales bleus, un noyer portant des cerises, un concombre fructifiant sur un plant de poireau.

Il existe bien de ces chimères que sont les greffes ; mais point de reproduction sexuée en l'occurrence : le greffon est une bouture portée par le porte-greffe, mode de reproduction

1. Organisme composé de deux (ou plus rarement de plusieurs) variétés de cellules ayant des origines génétiques différentes.

végétative propre au monde végétal et aux micro-organismes[1].

Pourtant, il n'est d'ordre qui n'appelle une transgression. Les plantes transgéniques – à cet égard fort bien nommées – expriment précisément cette transgression des lois ordinaires de la nature. Par là, désormais, les gènes ne sont plus enfermés dans les barrières de l'espèce[2] au sein de laquelle ils se propagent de génération en génération, mais ils acquièrent une singulière mobilité. Ils deviennent en quelque sorte des « voltigeurs » que l'on voit sillonner en tous sens le ciel de la biologie. C'est qu'en effet, n'importe quel gène – du moins en théorie – peut désormais être décroché de l'animal, de la plante, du micro-organisme, voire de l'homme qui le porte, pour être introduit dans une autre espèce souvent très éloignée de celle du donneur. Ainsi voit-on déjà des gènes de bactéries greffées sur du maïs pour le rendre notamment plus résistant à l'un de ses prédateurs naturels, la pyrale ; ou du tabac qui synthétise de l'hémoglobine, faisant ainsi virer l'univers des plantes – le « monde vert » – au rouge vif, voire au rouge sang ! L'on pourra voir des cochons engraisser plus vite du fait qu'on leur aura implanté un gène humain. Car nos propres

---

1. Le clonage animal est d'ailleurs en fait du *bouturage* animal.
2. Avec toutefois les restrictions que nous formulerons au chapitre IX.

gènes entrent eux aussi dans les combinaisons alchimiques du génie génétique : instillés tantôt dans des embryons de chèvres pour que les bêtes produisent plus tard un lait destiné à la fabrication de médicaments, tantôt dans des embryons de vaches pour obtenir un lait plus proche du lait maternel humain, quand ce n'est pas dans des pommes de terre ou des tomates !...

Mais ce ne sont encore là que de simples gammes, des exercices de style. Demain, plusieurs gènes[1] pourront être insérés dans les espèces les plus diverses, donnant naissance à des chimères que nous ne pouvons pas même imaginer aujourd'hui. De proche en proche, la nature génétiquement manipulée pourrait basculer dans un immense désordre que nous avons de la peine à imaginer et que nous risquons d'avoir d'autant plus de mal à éviter ou en tout cas à exorciser.

---

1. Le maïs transgénique Cb Novartis contient déjà trois transgènes : le gène induisant la biosynthèse d'un pesticide actif contre son prédateur, la pyrale ; le gène de résistance à un antibiotique, l'ampicilline ; enfin un gène de tolérance à un herbicide : le glufosinate.

CHAPITRE III

L'histoire des plantes transgéniques

L'histoire des plantes transgéniques et des organismes génétiquement modifiés découle de celle de la biologie moléculaire. Elle prend sa source dans la découverte du rôle de l'ADN en 1944, puis de sa structure par Crick et Watson en 1953. Ces deux chercheurs démontrèrent que cette structure était constituée de deux brins entrelacés sous forme d'une double hélice ; chaque brin est constitué par un long enchaînement d'unités élémentaires, ou maillons de la chaîne, appelés ici nucléotides. Il existe quatre types principaux de nucléotides, correspondant aux quatre bases différentes qui caractérisent chacun d'eux : l'adénine, la thymine, la cytosine et la guanine. La position respective de ces bases A, T, C et G, alignées et groupées trois par trois, compose une sorte d'alphabet, un code : le code génétique commun à tous les êtres vivants. Ce code constitue un programme ; il permet la construction des protéines, macromolécules innombrables et variées qui sont à la base de tous les métabolismes intracellulaires. Lorsque l'idée est venue aux biologistes de « bricoler » ce code, de changer la séquence des nucléotides dans un même ADN, les organismes génétiquement modifiés étaient nés.

En 1972, l'homme s'affranchit pour la première fois des barrières entre espèces en réussissant une spectaculaire opération de transgenèse : une équipe américaine crée une molécule d'ADN hybride à partir de l'ADN du singe et de celui d'une bactérie. Il s'agit de la première manipulation génétique. Aussitôt, l'opinion publique s'alarme. Conscients de cette inquiétude, scientifiques, industriels et pouvoirs publics adoptent alors un profil bas : ils ne tiennent surtout pas à déclencher des réactions comme celles qui, çà et là, finirent par ralentir ou bloquer l'expansion du nucléaire. Aux États-Unis, les savants vont même jusqu'à s'imposer un moratoire, qu'ils cosignent, décidant l'arrêt de tout transfert de gènes. Mais son application sera de bien courte durée : car rien n'arrête le progrès ! Signé le 26 juillet 1974 par onze biologistes américains de renom international qui invitent leurs collègues de tous les pays du monde à suspendre toute expérience de manipulation génétique, ce moratoire débouche l'année suivante sur une réunion organisée en février 1975 à Asilomar, près de San Francisco. Cette conférence autorise la reprise des expériences, assorties cependant de sévères précautions. Il s'agissait de promouvoir – ce qui fut fait – de « bonnes pratiques de laboratoire », et surtout de ne pas laisser « filer » dans la nature les « créatures » obtenues à l'issue des manipulations.

Mais, bientôt, la vigilance se relâcha ; on crut ou on feignit de penser que ces manipulations étaient dépourvues de toutes conséquences fâcheuses. Les manipulations génétiques s'infiltrèrent alors, puis s'engouffrèrent dans toutes les sciences de la vie. Dès 1977, une hormone humaine, la somatostatine, est produite pour la première fois par génie génétique en manipulant une bactérie ; en 1982, une souris géante est créée à partir d'un gène déterminant la biosynthèse de l'hormone de croissance.

À partir des années 80, les expériences se multiplient en laboratoire sous l'appellation commode de *biotechnologies*. De nombreux organismes transgéniques sont créés. Mais il faut attendre les années 90 pour voir les plantes transgéniques se répandre dans la nature. En 1994, les États-Unis autorisent la culture et la mise sur le marché d'une tomate manipulée qui se conserve plus longtemps que les autres. Avantage évident pour les cultivateurs, les distributeurs et les vendeurs, si ce n'est forcément pour les consommateurs... Depuis lors, plus d'une vingtaine de plantes transgéniques ont reçu le « feu vert » des autorités fédérales américaines. En 1996, on dénombrait déjà de par le monde 60 000 kilomètres carrés de terre arable ensemencés par de telles plantes, chiffre qui est en train de faire un bond prodigieux puisqu'il devrait atteindre, selon certaines estimations, 200 000 à 300 000 kilomètres carrés dès 1998, soit la moitié de la superficie totale de notre pays. Une expansion, disons plutôt une explosion sans précédent !

En France, la Commission du génie biomoléculaire (CGB), qui a mission de délivrer, au nom des ministères de l'Agriculture et de l'Environnement, l'autorisation de mise sur le marché des organismes transgéniques, a avalisé plus de quatre cents essais en champs durant ses dix années d'existence. Ces essais couvraient au total trois mille parcelles de terrain pouvant atteindre chacune un hectare[1].

Le 16 juillet 1992, la loi française avait déjà défini les organismes génétiquement modifiés comme des plantes, des animaux, des êtres humains ou des micro-organismes « dont le matériel génétique a été modifié autrement que par multiplication ou recombinaison naturelle », donc en y insérant un gène étranger. En

1. *Les plantes transgéniques en agriculture. Dix ans d'expérience de la CGB*, sous la direction d'Axel Kahn, Éd. John Libbey.

novembre 1997, la France a été le premier pays d'Europe à autoriser la culture d'une plante transgénique : le maïs Novartis, résistant à son prédateur ordinaire, la pyrale.

Au sein de l'Union européenne, à la différence de ce qu'il en est aux États-Unis, les organismes génétiquement manipulés (OGM) ne s'imposent que très lentement et ont du mal à vaincre de multiples réticences. Durant les années 1996-97, la commercialisation de trois espèces seulement a été autorisée dans les quinze pays de l'Union : le colza, le soja, le maïs. Cependant que les États-Unis foncent à la conquête du marché mondial des « OGM », les résistances européennes font l'objet de très fortes critiques parmi les milieux professionnels et économiques. Elles s'appuient en revanche sur les divergences d'avis ou d'appréciations qui opposent les experts, et sur de très puissants courants d'opinion. Ces oppositions se fondent sur des arguments non seulement scientifiques, mais aussi éthiques et souvent moraux – mais pas toujours ! – ignorés ou délaissés par les scientifiques engagés dans le génie génétique. Or ce sont ces arguments qui fondent principalement le débat actuel autour des « OGM ».

Il convient enfin de souligner la quasi-immunité dont bénéficient encore les scientifiques aux yeux de l'opinion. Le prestige du chercheur n'a d'égal, pour le public, que la suspicion qui, *a contrario*, frappe les hommes politiques. Si les premiers peuvent encore bénéficier le plus souvent de l'adage « ni responsables, ni coupables », en cas d'incident mais surtout d'accident grave, ce seront les seconds qui devront en endosser la responsabilité. Toujours exposés, échaudés par des épisodes comme celui de la « vache folle » ou l'affaire du « sang contaminé », on comprend qu'ils hésitent, tiraillés entre les appétits et impatiences des multinationales et les fortes réticences de l'opinion. Cette position inconfortable explique les tergiversations qui jalonnent en Europe l'histoire des plantes transgéniques.

LE DOSSIER
ÉTHIQUE ET MORAL

CHAPITRE IV

Logique scientifique et logique sociale

« Il serait irresponsable et ce serait faire preuve d'un manque total de perspicacité de ne pas exploiter au maximum les possibilités offertes par ces technologies. Elles soulageront – du moins en partie – les besoins d'une population croissante et permettront d'augmenter la valeur économique de l'agriculture, tant dans les pays développés que dans les pays en voie de développement[1]. »

Voilà résumé en peu de mots l'argumentaire développé en faveur des biotechnologies et du génie génétique, encore qu'il y manque peut-être cette emphase maintes fois retrouvée sous la plume de chercheurs encore plus enthou-

1. Jeff Shell, *Biofutur*, n° 172, novembre 1997, p. 62.

siastes et qui, selon leurs propos picorés çà et là, se veulent naturellement « compétitifs », œuvrent dans des laboratoires « performants », travaillant bien sûr en étroite « synergie entre recherche publique et recherche industrielle », afin de « dynamiser tout le secteur ». À leurs yeux, la transgenèse constitue un indubitable progrès, elle manifeste un « grand pas », quand ce n'est pas un « grand bond en avant »... Ici, cette avancée est « formidable ». Là, elle est « extraordinaire » ! Là encore, « sans précédent » ! Elle représente un « atout incomparable », etc... Rien n'arrête, on le voit, l'enflure de la pensée ni la boursouflure du commentaire. Subsistent dans l'opinion certains doutes, des craintes ? Celles-ci sont « irrationnelles ». Une bonne campagne d'explication, autrement dit de « communication », et elles tomberont d'elles-mêmes. Car le génie génétique ouvre des « perspectives fascinantes » à l'humanité ; il s'agit pour elle d'un « progrès immense ». Les appréhensions qui s'expriment ne peuvent que témoigner d'« idéologies sous-jacentes totalement surannées ». Celles-ci ne sauraient résister à la marche triomphante du progrès. Bref, comme le note le professeur Mattéi, « le mythe prométhéen revient sous l'habit du généticien[1] ».

1. *Le Figaro Magazine*, 15 février 1997.

Il faut toutefois souligner que les scientifiques ne sont pas tous d'accord, tant s'en faut, avec cette vision prométhéenne du progrès. Maintes fois s'expriment sous leur plume interrogations et réserves, quoique plus souvent suggérées qu'amplement développées. Il faut parfois savoir lire entre les lignes, car il est difficile, pour un chercheur, de s'interroger à haute voix sur les objectifs, les méthodes, voire les dérives de sa propre discipline. C'est une rude épreuve intellectuelle que de se trouver en porte-à-faux avec l'opinion moyenne de ses collègues ou avec les dogmes en vigueur dans sa propre sphère de compétence. Elle risque d'aller jusqu'à inhiber le développement d'un jugement personnel éclairé par la seule conscience.

Cela est surtout sensible dans le domaine du génie génétique, alors que les biologistes extérieurs à cette discipline se révèlent en général beaucoup plus critiques et s'expriment en tout cas plus librement. Il est vrai que, chez les scientifiques, la « pression de sélection par le milieu », pour reprendre le langage darwinien, est extrême. Elle s'exerce en faveur d'une constante valorisation des biotechnologies. Depuis des décennies s'y emploient concurremment les pouvoirs publics, l'industrie ainsi que les gestionnaires de la science, ces anonymes tout-puissants qui gèrent les budgets et décident, hors de tout débat public, des grandes orientations de la recherche. Puis, lorsque l'opinion prétend avoir voix au chapitre, on décrète qu'il est trop tard : tout a déjà été décidé et ficelé, comme on le voit pour les plantes transgéniques.

À considérer les choses avec plus de recul, l'impression prévaut qu'en matière de génie génétique – comme dans toute autre discipline scientifique, au demeurant, mais peut-être davantage encore – les spécialistes campent sur une sorte de pré carré délimité, comme il convient à tout carré, par quatre frontières au-delà desquelles ils ne prennent guère la peine de hasarder leurs regards et encore moins leurs pas.

La première est la frontière propre à toute discipline. La spécialisation érige entre les sciences des clôtures plus infranchissables encore que celles qui séparent sexuellement les espèces ! Et ce, malgré les modes de l'interdisciplinarité, de la pluridisciplinarité, de la multidisciplinarité ou de la transdisciplinarité qui doivent obligatoirement rehausser les demandes de crédits et les programmes de recherche auxquels elles confèrent un certain chic sans pour autant se traduire concrètement dans les résultats. Chaque discipline a son objet, sa méthode, mais aussi ses rites et ses tics. Son vocabulaire est volontiers abscons pour des spécialistes de disciplines voisines, tant et si bien que les échanges sont rares, et, quand ils existent, rarement féconds.

La deuxième limite découle de cette ignorance aussi fréquente que surprenante des autres sciences et de leurs avancées respectives. Un décalage énorme existe, on le verra, entre la biologie moléculaire et la physique quantique, les acquis de la seconde n'ayant pratiquement aucun écho dans l'expression des résultats de la première. Un extraterrestre serait ahuri que la représentation de la matière soit totalement différente quand on passe de l'une à l'autre. Ainsi le génie génétique ignore-t-il superbement l'aspect ondulatoire de la matière, si caractéristique de la physique quantique, pour ne s'attacher qu'à son aspect corpusculaire. Une amputation dont il pourrait un jour avoir à se repentir !

La troisième limite est commune à toutes les sciences et correspond à l'éthique scientifique, si différente de l'éthique sociale. La science, en effet, ne dit rien à propos de ce qu'il est sage de faire ou de ne pas faire. Elle ne s'exprime que sur le « comment il faut faire », conformément à l'attitude strictement scientifique, toute de précision et de rigueur dans la méthode, mais exempte de tout jugement qualitatif, qui fut définie dès le XVIIIe siècle par Newton. Car sur ce qu'il est bon de faire ou de ne pas faire, sur le Bien ou le Mal, la science est sans opinion. Extérieure à toute morale, elle entend pouvoir faire tout ce qu'elle sait faire, et accepte difficilement telle ou telle interrogation éthique, comme le manifeste avec aplomb ce scientifique américain qui clame sa ferme intention de cloner des êtres humains, aux États-Unis ou ailleurs... Mais, dans ce cas, nous sommes aux frontières de l'inacceptable, de sorte que la communauté scientifique dans son ensemble s'insurge, ce qui est somme toute plutôt rassurant. Aujourd'hui plus que jamais, donc, « science sans conscience n'est que ruine de l'âme ». Mais cette conscience ne fait pas partie de l'arsenal ni de l'essence de la science. Elle sous-tend les interrogations que les chercheurs peuvent se poser individuellement à eux-mêmes sur leur activité, mais qui ne sont pas différentes de celles que se posent aussi l'ensemble des citoyens, lesquels ont leur mot à dire et sont si peu consultés !

Enfin, la quatrième limite – fondamentale, celle-ci – est l'état d'avancement des connaissances à l'intérieur de chaque discipline. Ici la science, et le génie génétique en particulier, pèchent gravement en érigeant en principe que « ce qu'on ne connaît pas n'existe pas », ou, pis encore, que « ce qu'on n'explique pas n'existe pas ». Tout se passe comme si tout le réel possible était su, connu, inventorié, de sorte que les causes produisent toujours des effets nécessaires, à l'exclusion de tout éventuel effet indésirable dû à la méconnaissance de processus vitaux qui resteraient à découvrir. Or, il y a vingt ans, on ne connaissait ni le sida, ni le prion responsable de la maladie de la « vache folle ». Quelles nouvelles maladies se seront révélées demain, dans dix ans, dans un siècle ? N'allons-nous pas générer, par ignorance et imprudence, d'autres pathologies ? Que découvrira-t-on encore, qui viendra contredire les théories actuelles ? Mais, à ce moment-là, certains effets ou produits incontrôlés auront été disséminés de manière irréversible...

Tout en se mouvant à l'intérieur de son pré carré, le génie génétique impose son éthique à la communauté humaine dans son entier. Or il n'a fait ses preuves ni sur le terrain de la médecine, ni sur celui de l'agriculture. Pour l'heure, les thérapies géniques en sont toujours aux déclarations incantatoires, sans que des résultats tangibles aient pu jusqu'ici être attestés. Dans le domaine agricole, on en sait plus long sur les gains financiers supposés ou attendus de ce type d'innovations que sur les bénéfices qu'en retireront réellement les cultivateurs et surtout les consommateurs. Peu importe : on fonce à toute vitesse, à l'aveugle !

Or une question lancinante se pose : jusqu'où pouvons-nous aller ? N'y a-t-il pas des limites à ne pas franchir ? Certes, la nature est bonne mère ; la vie est fluide, mouvante, adaptable ; mais jusqu'où, jusqu'à quand ? Comme le notait pertinemment Guy Paillotin, alors directeur de l'INRA[1] : « Il reste que l'inquiétude de la manipulation sans limite doit être prise en compte sérieusement, car elle met en cause la responsabilité de l'homme vis-à-vis de la nature. » Aucun phénomène vivant ne pouvant se développer indéfiniment, puisque la mort les borne tous, sans doute doit-il exister une frontière, une ligne jaune à ne pas franchir... Eh bien, cette question n'est pratiquement jamais posée dans les publications se référant au génie génétique, hormis pour le clonage des êtres humains à propos duquel les États-Unis comme la Grande-Bretagne penchent déjà pour une position plutôt laxiste. Or c'est précisément sur l'existence de cette « ligne jaune » que l'opinion s'interroge. Bien qu'elle soit dénuée de tout pouvoir ou même d'influence sur les choix effectués en ce domaine, cette opinion, bien avant que l'occasion ne lui soit offerte de s'exprimer, pose le problème comme il sied : en termes d'éthique et de morale.

Pour résumer, deux logiques s'affrontent : d'un côté, la logique scientifique fondée sur la rigueur des expérimentations, la reproductibilité des expériences, la validité des résultats ; de l'autre la logique sociale, inquiète des retombées directes ou indirectes de certaines inno-

---

1. *Le Courrier de l'environnement*, INRA, Document n° 29, décembre 1996.

vations sur l'environnement naturel et humain, sur la santé, sur l'évolution des sociétés, etc., et surtout des dérives éthiques et morales entraînées par ces « avancées biotechnologiques ». Pour tout dire, l'opinion ne suit pas ; elle rechigne. Implanter un gène de méduse sur du tabac pour le rendre fluorescent, comme on vient de le faire, paraîtra extraordinaire au commun des mortels. L'idée saugrenue – pour l'heure purement imaginaire – d'insérer un gène de corbeau dans un pied de coquelicot n'émouvrait nullement un spécialiste du génie génétique : ce genre d'acrobatie est en quelque sorte son pain quotidien. Mais cette alliance intempestive du rouge et du noir laisserait M. Tout-le-Monde pantois et assez scandalisé. Un coquelicot noir ? pour quoi faire ? Y a-t-il vraiment une demande effrénée de rose bleue, malgré l'empressement d'une société australienne à la mettre sur le marché ? Quel décalage entre les vraies aspirations des hommes et ces coûteux gadgets biotechnologiques ! Quel gaspillage éhonté par rapport aux besoins des centaines de millions d'enfants malades ou qui ont faim ! Quelle dérive de l'esprit de découverte chez ces chercheurs qui cherchent surtout à ne pas voir ce qui les entoure !

CHAPITRE V

Transgenèse et transgression

Bien que cela ne soit jamais dit nulle part, l'idée fondatrice du génie génétique est la notion de mélange. L'axe de cette discipline et des biotechnologies qui en découlent consiste à mélanger à son gré et sans limites les gènes autrement qu'à l'intérieur des barrières sexuelles que la nature a dressées entre les espèces. L'objet du génie génétique revient en somme à associer des gènes que la nature a séparés. Certes, la nature autorise et pratique dans une certaine mesure le mélange des gènes. Mieux : elle l'impose dans toute fécondation entre individus d'une même espèce ou d'espèces très affines. Le métissage, la vigueur des hybrides obtenus à partir de variétés voisines témoignent des bienfaits de ces croisements intervariétaux. À l'inverse, on connaît les risques et les dangers de la consanguinité résultant d'un brassage insuffisant des gènes. Passant de la nature à la culture, on sait à quelles aberrations aboutit la notion de « race pure », voire celle de « purification ethnique » ; on a pu vérifier, en revanche, que l'interfécondité des cultures dans le respect de leur identité et de leur diversité débouche sur le dialogue fraternel, la compréhension mutuelle et la paix.

Mais il est dans la nature des limites au-delà desquelles l'homme est le seul à oser s'aventurer. La notion de *transgène* illustre – y compris sur le plan étymologique – cette transgression. Car, au-delà des lois immémoriales de la nature, au-delà de toute prudence, de toutes « précautions », dirait-on aujourd'hui, l'idéologie du mélange sans limite prend à revers toute la tradition occidentale. Qu'il s'agisse des audaces de Prométhée dans la mythologie grecque ou de l'exclusion du jardin d'Éden relatée dans le livre de la Genèse, on assiste toujours à la même mise en garde : Ne franchissez pas la ligne, sinon il risque de vous en cuire ! Prométhée s'est vu condamner à avoir le foie dévoré par un aigle, et le couple originel de la Bible a dû s'accommoder des ronces et des épines. Jamais, on en conviendra, la leçon des grands mythes fondateurs n'a été plus actuelle ! Jamais mises en garde ne furent plus pressantes, plus brûlantes ! Mais qui médite encore la sagesse des Anciens ? Le sens profond de leurs enseignements ne figure pas aux programmes de nos écoles ni même de nos universités. Pis encore : nous les avons oubliés !

Or ces biotechnologies qui, non contentes de bafouer des lois immémoriales de la nature, postulent sans restrictions l'idéologie du mélange des gènes, posent par là un problème éthique qui, aux yeux de l'opinion, dépasse de loin la simple définition des risques. Et c'est bien là ce qui préoccupe les milieux industriels, scientifiques et gouvernementaux où l'on scrute non sans appréhension cet « horizon sociologique », tout en s'évertuant à apaiser ou corriger de prétendues « peurs irrationnelles », et surtout à éviter une animosité populaire du même type que celle que le lobby nucléaire avait su si bien engendrer, au fil des dernières décennies, autour de l'atome.

Ce qui se profile à l'horizon du génie génétique, dans un gigantesque pied-de-nez à la nature, c'est la perte de l'identité des espèces. Si l'on peut s'autoriser cette représentation mythique, le génie génétique reposerait implicitement sur l'idée – probablement fausse – que la nature, bonne mère, recule, insensible ou comme passive, devant chacune de nos avancées ; qu'elle est donc à nos pieds, servile, dominée, veule, écrasée, quasi masochiste ; qu'elle s'abandonne et se laisse faire, quoi que nous lui fassions... Or le bon sens populaire ressent les choses tout autrement. Il pressent que la nature n'est certainement pas taillable et corvéable à merci. Et ce genre d'intuition mine l'adhésion populaire au développement frénétique d'innovations comme le génie génétique.

Pourtant – et ce n'est pas le moindre des paradoxes – tout se passe comme si la conscience populaire avait pris en ce domaine quelques longueurs d'avance sur la réflexion des moralistes, des philosophes et des théologiens. Comme si ce débat illustrait la fameuse formule des Évangiles : « Ce que tu as caché aux sages et aux savants, tu l'as révélé aux tout petits[1]. »

Que prônent donc sages et savants, philosophes et théologiens ? C'est peu dire qu'ils n'y voient que du feu. Sans doute plus marqués les uns et les autres par la pensée grecque que par les sources de la pensée hébraïque, ils se contentent de faire graviter leurs discours autour de l'homme, roi de la Création. Ainsi le père Olivier de Dinechin, membre du Comité national d'éthique, écrit-il : « La vision de l'Église catholique distingue du monde du vivant l'être humain qui en émerge comme personne spirituelle et transcendante. En ce qui concerne les espèces animales ou végétales, ce qui importe est le respect de l'espèce, et non des individus de l'espèce[2]. » À croire que ce respectable père jésuite n'a jamais eu le

1. Matthieu XI, 25.
2. *Le Figaro Magazine*, 15 février 1997.

moindre élan, le plus petit geste d'affection à l'égard d'un chat ou d'un chien, lequel est bel et bien un individu auquel on s'attache, et non pas une espèce à lui tout seul ! Répondant comme en écho au point de vue de ce religieux, le philosophe agnostique Luc Ferry aboutit aux mêmes conclusions : « Que l'homme ait le pouvoir de modifier génétiquement les autres espèces n'est pas vraiment nouveau ; il y a des années qu'il le fait couramment, et les problèmes que cela pose relèvent davantage, le cas échéant, de la santé publique que de l'éthique ou de la métaphysique. Ce qui est plus inquiétant, me semble-t-il, c'est qu'il puisse aussi bien se modifier lui-même[1]. » Ici encore, la barrière passe entre l'homme et toutes les autres espèces qui, sans conscience et sans âme, seraient manipulables et bricolables à merci. Manipulations et bricolages qui ne sauraient être répréhensibles que dans la mesure où ils mettraient en jeu la santé humaine. Mais, pour le philosophe d'aujourd'hui, l'animal ou la plante n'ont, en eux-mêmes, aucune consistance, aucune existence dans le champ de la morale.

Point de vue totalement étranger à la conscience populaire si sensible, depuis les temps les plus reculés, mais de manière neuve avec l'émergence de l'écologie, au respect de la

1. *Ibid.*

nature, au souci de protéger ou sauvegarder les animaux et les plantes fragiles ou menacés. Jamais la sensibilité à la souffrance animale n'a été aussi forte qu'aujourd'hui. Une attitude qu'exprime à sa manière fort émouvante un écologiste américain du siècle dernier, Ian McMillan[1], lorsqu'il écrit : « Ce qui compte vraiment dans la sauvegarde des condors et de leurs congénères, ce n'est pas tant que nous avons besoin des condors, c'est que nous avons besoin de développer les qualités humaines qui sont nécessaires pour les sauver ; car ce sont celles-là mêmes qu'il nous faut pour nous sauver nous-mêmes. »

Bref, pour la plupart des moralistes, des théologiens et des philosophes, croyants et athées confondus, les espèces animales et végétales ne seraient, dans le mouvement de l'évolution, comme me l'écrivait non sans humour un ami, le frère Jacques Arnould, « que les pièces d'un échafaudage qui peut être démonté une fois l'œuvre achevée, autrement dit après l'émergence de l'espèce humaine ».

Mais, par-delà ce discours de moralistes et de philosophes comme pris de court par l'évolution de la conscience populaire et la lucidité de l'esprit public, et cependant que commencent à émerger des « théologiens de la Création »

---

1. Ian McMillan, cité par René Dubos dans *Les Dieux de l'écologie*, Fayard, 1973.

comme, tout proches de nous, le père Fantino et mon vieil et fidèle ami Roger Klaine, d'autres voix s'élèvent, souvent véhémentes. Ainsi Joseph Rotblat, prix Nobel de la paix en 1995, après s'être battu des années durant contre le surarmement atomique, s'exprime ainsi : « Ce qui m'inquiète, c'est qu'il se peut que d'autres progrès technologiques engendrent davantage encore de moyens de destruction à grande échelle, et sans doute plus accessibles que l'arme atomique. Il est possible que parmi ces moyens figure le génie génétique, étant donné son effrayante évolution[1]. » Plus sévère encore et presque sarcastique, l'opinion de l'épistémologue Pierre Thuillier selon lequel « une science qui se réduit à une technique, à une manipulation artificielle du vivant, une science qui a vidé le monde de son flux vital et de son âme et qui s'affirme comme *refus*, voire comme *haine* de la nature, fait partie de la pathologie de nos experts et ingénieurs du XXe siècle finissant[2] ».

Même si l'on ne partage pas la sévérité sans appel de ce jugement, il n'en apparaît pas moins que le désenchantement de la nature, l'absence complète de prise en compte de ses

1. *Génie génétique : des chercheurs citoyens s'expriment*, Éd. Sang de la Terre, 1997.

2. « La génétique menace-t-elle l'alimentation ? » *Science & Vie*, n° 950, décembre 1996.

dimensions proprement spirituelles, sont aux racines mêmes des errances et des probables errements du génie génétique.

Tout autre est l'approche de la nature dans les religions et philosophies orientales qui exigent de leurs adeptes son respect sous toutes ses formes. On connaît la piété des *jaïns* hindouistes qui poussent le respect de la vie jusqu'à porter une mousseline devant leur bouche de peur d'avaler un moucheron, et qui veillent à ne pas piétiner la moindre fourmi. On retrouve une égale sensibilité dans le bouddhisme qui regorge d'attentions analogues. Cette piété commence aussi à se faire jour chez nos propres religieux. On lit par exemple dans l'ouvrage de l'exégète A. de Pury[1] : « L'animal est, à l'instar de l'homme, créature de Dieu, aimée de Dieu, vivant comme l'homme de la miséricorde de Dieu. Simplement, sa relation avec le Créateur n'est pas celle des hommes : elle passe par d'autres voies, par d'autres langages impénétrables à l'homme. » La remarque vaut tout aussi bien pour le règne végétal.

1. A. de Pury, « Animalité de l'homme et humanité de l'animal », in *L'Animal, l'Homme, le Dieu dans le Proche-Orient ancien*, Leuven-Peeters, 1985.

LE DOSSIER SCIENTIFIQUE

CHAPITRE VI

Réflexions sur le génie génétique

Le génie génétique est aujourd'hui au centre des efforts de recherche menés en médecine et en agronomie. Il jouit dans le monde scientifique d'un prestige sans limite et représente en quelque sorte le « fruit mûr » de la biologie moléculaire. Pourtant, la communauté des chercheurs a d'abord hésité à adopter cette terminologie : le mot *génie* faisait en effet problème. Appliqué aux sciences de la matière, il s'était certes imposé depuis longtemps ; ainsi parle-t-on par exemple de *génie chimique*, domaine d'excellence des ingénieurs chimistes. On retrouve le même radical dans le beau mot d'*ingénieur.* Mais fallait-il pour autant étendre ce vocable aux sciences de la vie ? Il y avait déjà le *gène* ; fallait-il y ajouter le *génie* ? Ne risquait-on pas de... *générer* par là des interprétations négatives : du fait de ses audaces, mais peut-être aussi par ses dérives ou ses erreurs, ledit génie ne deviendrait-il pas le *mauvais génie* de la vie ? Sans doute pensa-t-on au bout du compte que les performances du génie génétique seraient telles que leurs auteurs paraîtraient eux aussi, peu ou prou, aux yeux de l'opinion, comme de véritables génies à une époque où l'épithète *génial* est à tout propos et hors de propos sur toutes les lèvres. Bref, le mot *génie* ayant acquis, par cette vogue, comme une seconde jeunesse, une connotation positive ne pourrait faire autrement que s'en dégager.

Mais le génie génétique évoque d'autres vocables fort suggestifs. Ainsi du mot *manipulation*. Comme le génie, qui peut être mauvais ou... génial, ce terme est à double sens et peut déboucher sur des connotations fort différentes. Pour les chercheurs, il évoque tout naturellement les travaux pratiques effectués en laboratoire. En sciences expérimentales, imaginer et exécuter de bonnes *manip*, c'est se mettre dans les conditions d'obtenir de bons résultats. Tout autre est la connotation du mot en sciences humaines : manipuler l'homme, manipuler le cerveau humain, manipuler des foules, manipuler un agent secret ou se faire soi-même manipuler..., autant d'attitudes ou d'agissements contraires à l'éthique des droits de l'homme. Jusqu'à une période récente, on parlait couramment d'organismes génétiquement manipulés (OGM) ; cette dénomination a fini par paraître suspecte à ses auteurs eux-mêmes qui préfèrent parler aujourd'hui d'organismes génétiquement modifiés (initiales inchangées), ou, pour les plus optimistes, d'organismes génétiquement améliorés (OGA). En dépit de ces scrupules lexicographiques, force est de reconnaître que le génie génétique est bel et bien manipulateur, parfois même sans vergogne, lorsqu'il en vient à considérer la nature et jusqu'à l'être humain comme des objets susceptibles d'être clonés ou génétiquement transformés à compter du moment où de telles entreprises se révèlent profitables sur le plan économique.

À cette dérive inhérente au génie génétique s'en ajoute une seconde : son réductionnisme foncier, dans la mesure où il vient à considérer le vivant comme une stricte addition d'éléments juxtaposés, donc interchangeables, négligeant par là les approches synthétiques, holistiques ou systémiques fondées sur la loi de la complexité croissante qui préside au fonctionnement des organismes, des écosystèmes et des sociétés. De ce point de vue, il s'inscrit parfaitement dans la ligne du deuxième *Discours de la méthode* de Descartes où ce penseur préconise, pour comprendre le réel, de le « diviser en autant de parties qu'il est possible... » Approche analytique certes nécessaire, que toutes les sciences ont faite leur, mais qui doit absolument être rééquilibrée par le mouvement inverse : l'approche globale. En d'autres termes, pour ne pas parcelliser le réel en le réduisant à l'addition de ses seuls éléments, la méthode analytique doit aussi être relayée par une approche où les interrelations entre ces éléments engendrent de nouvelles propriétés émergentes. Car, comme le notait déjà Pascal, « le tout est plus que la somme des parties ». Or c'est là une démarche que le génie génétique a toutes les peines du monde à adopter. S'agissant de l'ADN, il s'inspire davantage de la démarche du *couper-coller*, que chacun peut pratiquer sur son ordinateur, que de celle des systèmes vivants qui associent des éléments dans des ensembles d'une complexité extrême.

Il est à souhaiter que cet aperçu reflète l'image que le génie génétique donne de lui-même plutôt que sa propre réalité en tant que discipline scientifique. Mais comme cette image est répandue dans l'opinion !

Il m'arrive parfois d'évoquer avec humour la fable – purement imaginaire, naturellement – de la vache violette que le génie génétique serait en mesure de créer sans difficulté : il lui suffirait de prélever dans une violette le gène qui détermine cette couleur et de l'instiller dans les ovules d'une vache pour que celle-ci engendre des génisses d'un aussi joli mauve ou parme que celles que l'on voit à la télévision dans une publicité vantant des chocolats suisses. Si, de surcroît, on lui greffait simultanément le gène déterminant l'arôme de violette, lesdites vaches seraient de surcroît très agréablement parfumées !

Mieux encore : si l'on introduisait dans le génome de notre chien une collection de gènes humains judicieusement appropriés, ce dernier, lorsqu'il nous regarderait droit dans les yeux sous l'empire d'une forte émotion – au point que nous dirions alors de lui qu'il ne lui manque plus que la parole –, acquerrait du même coup la faculté d'engager la conversation. Hypothèse de pure science-fiction, certes, mais qui se pare de quelque crédibilité quand on sait que des chercheurs britanniques viennent d'identifier un gène qui serait censé intervenir dans le développement du langage : le gène *SPCH one*[1].

Affabulations, futurisme, soit. Mais je me demande parfois si les « accros » du génie génétique ne cherchent pas précisément à faire en sorte que leur discours accrédite l'idée que tout est possible, et que, désormais, la nature n'aura qu'à se plier à nos volontés, voire à nos caprices. Et qu'elle se laissera « bricoler » sans réagir.

Ici apparaît un terme souvent utilisé, notamment par François Jacob[2], prix Nobel, pour

1. S.F. Fisher *et al.*, *Nature Genetics*, février 1998, vol. XXVIII.

2. Notamment dans *Le Jeu des possibles : Essai sur la diversité du vivant*, Fayard, 1981.

désigner le travail accompli par la vie sur elle-même tout au long de l'évolution : le *bricolage de la vie*. Mais dans quelle mesure et jusqu'à quel point la vie se laissera-t-elle « bricoler » par l'homme ? La vie n'est ni un puzzle, ni un Meccano, ni un jeu de Lego dont on peut assembler mécaniquement les pièces pour réaliser telle ou telle construction de son choix. La vie est mouvante, fluide, subtile ; elle ne se plie pas absolument au déterminisme génétique selon lequel, comme le résume justement Mae-Wan Ho[1], « les organismes sont définis en fonction de leur constitution génétique [...] de sorte que tous les problèmes majeurs peuvent être résolus par l'identification, puis par la manipulation des gènes... Ainsi, en identifiant un gène, on identifiera une caractéristique désirable ou non. En modifiant un gène, on modifiera la caractéristique. En transmettant un gène, on transmettra une caractéristique équivalente... »

Tel est, condensé en peu de mots, le paradigme du génie génétique que l'auteur cité remet précisément en question, comme nous le ferons à notre tour plus loin. Car là réside la clé du débat.

L'approche quasi mécaniste est censée n'aboutir qu'à des résultats parfaitement sûrs ; d'où ce raccourci théorique formulé par Axel

1. In *Génie génétique : des chercheurs citoyens s'expriment*, *op. cit.*

Kahn : « En pratiquant des croisements, puis en sélectionnant sur un caractère (méthode traditionnelle), on utilise une méthode incertaine qui introduit beaucoup d'inconnues vers la nouvelle variété obtenue. Par transfert de gènes, au contraire, on introduit dans la plante uniquement du matériel génétique connu ; c'est pourquoi, compte tenu des précautions prises avec les plantes transgéniques, le risque général de la sélection variétale est diminué par l'utilisation du génie génétique[1]. »

Comment mieux postuler que les manipulations génétiques sur le vivant, en particulier sur les plantes, sont supposées générer moins d'accidents que les méthodes de sélection et d'hybridation pratiquées par les agronomes et les horticulteurs depuis la nuit des temps... et qui, que l'on sache, n'en ont causé ni n'en entraînent aucun ! Car ces méthodes, qui respectent la barrière des espèces et ne mélangent les gènes qu'entre variétés ou espèces compatibles et affines, n'ont jamais provoqué la moindre dérive. Il n'empêche ; selon Axel Kahn, le génie génétique ferait mieux : il serait absolument, complètement et totalement sans risque. À condition, bien sûr, d'être pratiqué avec certaines précautions d'usage telles que les a définies avec soin la Commission du génie

1. In *La Recherche*, n° 270, novembre 1994.

biomoléculaire (CGB) présidée, jusqu'il y a peu, par Axel Kahn.

Cette instance officielle a eu le mérite d'insister sur l'identification précise du gène transféré. Or les « OGM » résultent d'une construction, d'un *design moléculaire* fort approximatif. On ne sait pratiquement jamais où l'on place le transgène dans le génome receveur, pas plus qu'on n'est toujours absolument sûr de n'y introduire qu'un seul gène, non accompagné d'autres nucléotides (éléments constitutifs du génome du donneur). Et non seulement on ne sait pas *où* le transgène se fixe, mais on ne sait pas davantage *quand* il se fixe. On ne le saura qu'après coup, grâce à un gène « marqueur » aisément repérable et qui signera en quelque sorte la fixation du transgène.

Avec les fameux « canons à gènes » du génie génétique, il faut généralement lâcher de nombreuses salves pour tirer un coup au but. Dans ce domaine, les réussites sont rares par rapport au nombre d'essais, et, de ce point de vue, le mot *bricolage* n'est pas usurpé, car c'est bien d'un travail d'amateur qu'il s'agit, même s'il est hautement sophistiqué sur le plan technologique.

Lorsque enfin le coup au but est porté, rien ne prouve pour autant que le génome modifié restera durablement dans cet état. Au fil des générations, à force de croisements entre la plante manipulée et ses hybrides, des instabilités peuvent apparaître, avec risques de mutagenèse débouchant sur une modification de l'expression habituelle des gènes. C'est du moins ce que redoute Gérard Pascal, directeur du Centre national d'études et de recommandations sur la nutrition et l'alimentation[1]. Et que confirment divers travaux récents, souvent fort réservés sur l'aptitude d'un caractère nouveau à se maintenir, comme on le voit par exemple avec des pommes de terre génétiquement modifiées, devenues un véritable casse-tête pour les sélectionneurs qui ne parviennent que très laborieusement à fixer les caractères escomptés de la manipulation[2]...

---

1. « Les plantes transgéniques. Enjeux et risques », *Bio* (CNRS), n° 70, avril 1997.

2. « Le Génie génétique appliqué à la pomme de terre. Réalité & Problèmes », Dr Éric Bonnel, GERMICOPA, colloque *Organismes génétiquement modifiés. Quels enjeux ? Quelles opportunités ? Quels risques ?* organisé par Development Institute International, Paris, 12 et 13 mars 1997.

CHAPITRE VII

Le désordre écologique

Un souci pédagogique m'incite à revenir et insister sur quelques notions déjà évoquées précédemment, mais qui méritent plus ample développement.

Dans toutes les traditions culturelles, l'impression qu'un ordre règne dans la nature fait partie de l'expérience commune, elle « tombe sous le sens » (et même sous *les* sens !). En découle la faculté de ranger les êtres vivants selon leurs affinités, de leur donner des noms, de les regrouper selon leurs ressemblances, de leur assigner ainsi une place dans la classification des animaux ou des plantes en fonction de critères variés mais constants. À la base de cet ordre, la notion d'espèce, définie comme l'ensemble des individus qui se ressemblent plus entre eux qu'aux individus d'autres espèces, fussent-elles voisines, qui sont féconds entre eux et dont les descendants seront indéfiniment féconds entre eux. Cette interfécondité, qui se perpétue de génération en génération, est le critère central sur lequel les espèces sont définies, et l'est encore lorsqu'il s'agit d'espèces nouvelles.

Mais cette notion d'espèce est purement abstraite. Dans la nature, on ne voit que des individus semblables, mais non identiques, dont l'espèce ne représente qu'une sorte d'épure moyenne. Tous les hommes se ressemblent, mais aucun n'est identique à un autre, hormis les vrais jumeaux que, néanmoins, leur culture distingue. Chaque individu constitue une entité unique, sur l'unicité de laquelle se fonde la notion de personne humaine aux droits imprescriptibles.

Mais comment symboliser la personne humaine ? Ce fut, dit-on, le pari de Léonard de Vinci lorsqu'il peignit la *Joconde* sur la base de concepts mathématiques inspirés du fameux Nombre d'or. Il en résulta ce visage « moyen », mais aussi magique ; de femme, mais aussi un peu d'homme... Un visage que la projection cinématographique à l'accéléré de très nombreuses physionomies humaines reproduit miraculeusement ! La *Joconde* serait en somme une épure du genre humain, une sorte de commun dénominateur, de synthèse et de symbole de l'humanité entière[1]. Serait-ce là

1. Informations recueillies auprès de mon fidèle ami Patrice Serres, dessinateur.

l'origine de la singulière fascination qu'elle exerce sur chacun de nous ?

Pour l'humanité, les contours de l'espèce ne font pas l'ombre d'un doute. Mais il est probable qu'on n'a jamais testé l'éventuelle interfécondité des humains avec les grands anthropoïdes – gorilles, orangs-outangs, chimpanzés –, espèces qui nous sont très voisines ; un tel type d'expériences choquerait d'ailleurs gravement notre conscience. Les botanistes n'ont pas davantage testé les limites des espèces qu'ils ont décrites et n'ont guère croisé entre eux des individus aux affinités douteuses pour vérifier où passe au juste la frontière de l'interfécondité. Dans l'immense majorité des cas, ils se sont contentés de noter la seule ressemblance entre individus pour postuler *a posteriori* leur interfécondité. *A contrario*, leur non-ressemblance postulerait l'appartenance de deux individus à des espèces différentes, donc leur stérilité mutuelle. Au jardin, les petits pois chers à Gregor Mendel se croisent bien entendu entre eux, mais non avec les pommes de terre qui poussent à proximité mais qui ne leur ressemblent pas. Il en va naturellement de même dans le règne animal. Et l'on retombe ainsi sur ces fameuses barrières que la nature a dressées entre espèces, qui les séparent les unes des autres et interdisent la production par voie sexuée d'hybrides monstrueux.

Or le transgénisme a pour caractéristique essentielle d'atténuer, par des manipulations en laboratoire, l'étanchéité de ces barrières et d'autoriser des échanges génétiques entre individus d'espèces fort éloignées les unes des autres. En résultent ces nouvelles catégories d'êtres vivants que sont, dans le monde végétal, les plantes transgéniques. Ainsi définies, celles-ci n'ont pas d'antécédents dans la nature (du moins n'en ont-elles pas qui découlent de la transmission sexuelle de gènes d'origine différente). Elles constituent de nouvelles entités tirant leur existence du seul fait des œuvres humaines. Affirmation qu'il faut toutefois nuancer quelque peu dans la mesure où il existe, nous le verrons, des gènes « sauteurs » susceptibles de passer d'une espèce à une autre par voie non sexuée : c'est ce qu'on appelle la « transmission horizontale », par opposition à la transmission verticale, par voie sexuée, des ascendants aux descendants.

Longtemps l'éthique du génie génétique a voulu que les expériences débouchant sur des « chimères génétiques », fruits du transgénisme, s'effectuent en laboratoire, donc en milieu strictement confiné. Du laboratoire, ces processus, une fois mis au point, ont été transférés en usine : ainsi, par exemple, de la production de l'insuline ou de l'hormone de croissance par des bactéries. Mais, que ce soit en laboratoire ou en usine, les processus de fabrication se déroulant dans les deux cas en confinement, pourraient être interrompus sur-le-champ en cas de problèmes ou de graves difficultés.

Tout autre est la dissémination des plantes transgéniques en plein champ, tant pour les essais agronomiques précédant la mise en culture que pour cette culture elle-même. En ce domaine, la Commission du génie biomoléculaire (CGB), qui délivre en France les autorisations de mises en œuvre, s'est singularisée par le nombre élevé d'agréments qu'elle a accordés à des essais en champs.

Voici donc les plantes transgéniques lâchées en pleine nature. Ces lâchers requerraient que se développent dans chaque cas des études écologiques approfondies afin de déterminer leur comportement dans les écosystèmes naturels. Or il n'en a rien été et il n'en est toujours rien : les quelques études réalisées sont dérisoires par rapport aux impacts potentiels. Hormis quelques cas particuliers, seuls les critères de productivité sont pris en compte. Aux États-Unis comme chez nous, tout se passe comme si la règle non écrite du *Not looked, not found* (« On ne se donne pas la peine de chercher, donc on ne trouve rien », ou, pour faire court, « pas vu, pas pris ! ») permettait de contourner et d'éviter des recherches trop approfondies, sur le long terme, dont les résultats pourraient contredire et annuler tous les avantages escomptés à très court terme.

Or le devenir des plantes transgéniques et de leurs gènes au sein des écosystèmes est l'un des problèmes majeurs qui se posent à leur sujet. Comment ces plantes se comporteront-elles dans la nature ? Quels effets la sélection naturelle produira sur elles et sur leurs descendantes au cas où elles viendraient à s'échapper hors de leurs périmètres de culture ? Conserveront-elles ou non l'avantage qui justifierait leur culture sur plusieurs générations ? Transmettront-elles leurs gènes à des espèces sauvages voisines ? En intégrant par exemple un gène de tolérance à tel ou tel herbicide, celles-ci ne deviendront-elles pas plus compétitives que leurs sœurs naturelles ? Dans cette hypothèse, ne faut-il pas redouter des phénomènes invasifs de certaines espèces dont il deviendra difficile de se débarrasser dès lors qu'elles auront acquis une forte tolérance aux herbicides courants ?

Les phénomènes de forte compétitivité sont en effet fréquents dans la nature. Un exemple suffira à l'illustrer : celui d'une renouée japonaise, *Fallopia japonica*, plus connue sous son ancienne appellation de *Polygonum cuspidatum*. Il s'agit d'une grande herbe vivace, rhizomateuse, venue de l'archipel nippon. Cette « néophyte » – c'est ainsi que l'on nomme les plantes nouvelles émigrées dans une région du monde qui n'est pas la leur – est hypercompétitive et même « invasive », notamment en bordure des rivières d'où il est extrêmement difficile de la déloger. On a utilisé pour ce faire l'épandage de glyphosate, un herbicide radical qui, lorsqu'il est utilisé en trop grandes quantités, risque d'éliminer toute végétation des berges... Après quoi, la première espèce à réapparaître est naturellement notre *Polygonum* ! Car les renouées ont la vie dure ! Il arrive même qu'elles résistent aux herbicides courants, tel l'atrazine. C'est le cas, par exemple, de *Polygonum lapathyfolium*, d'origine française, elle aussi très compétitive. Ainsi, il n'est pas rare de constater des sortes d'envahissements quasi épidémiques de plantes, souvent introduites récemment dans des écosystèmes qu'elles peuvent gravement perturber.

Qu'en sera-t-il des plantes transgéniques quand elles seront amplement répandues dans la nature et que leurs « espèces » seront devenues plus nombreuses et plus diverses ? Certaines, en se propageant ou en contaminant des espèces « naturelles » – en leur transmettant par exemple leurs gènes de tolérance aux herbicides, comme c'est le cas pour le colza –, donneront-elles alors naissance à de « supermauvaises herbes » ? Après la maladie de la « vache folle », faudra-t-il déplorer des épidémies d'« herbes folles » hyperenvahissantes, résistantes aux plus puissants herbicides et dont il serait quasi impossible de se débarrasser ? (L'expression fait d'ailleurs déjà partie du vocabulaire botanique lorsqu'on parle par exemple d'« avoine folle », une graminée sauvage ultracompétitive...)

Rien n'est plus faux, en effet, que d'imaginer une situation parfaitement statique où la plante transgénique persisterait dans les champs, toujours semblable à elle-même, de nouveaux lots de semences identiques étant semés année après année par les agriculteurs. Par leur action, ceux-ci perpétueraient en somme la plante transgénique sur des générations sans qu'elle soit le moins du monde modifiée. Or, toute la stratégie d'exploitation de ce type de plantes va à l'encontre d'une telle conception qui ne tient pas compte de la double et incessante pression du progrès et du profit. Les marchands de semences entendent bien, au contraire, vendre chaque année de *nouvelles* graines transgéniques ; ils mettent sur le marché de nouvelles sortes de plantes génétiquement manipulées, comme les constructeurs automobiles proposent sans répit de nouveaux prototypes à leurs clients. Ces nouvelles graines sont en général assorties de l'herbicide qui leur correspond et qui est censé tuer toute la végétation parasitaire alentour. De ce fait, les paysans perdent définitivement la faculté de produire eux-mêmes leurs propres semences en les prélevant sur leur récolte de l'année précédente. Quant aux graines transgéniques, rien ne prouve que les avantages « acquis » qu'elles recèlent se perpétueraient au fil des ans : d'où, en effet, la nécessité de les modifier et les renouveler sans relâche.

L'exemple du maïs transgénique est particulièrement significatif. Il contient notamment un gène producteur d'une molécule insecticide fatale à certains papillons et provenant d'une bactérie du sol isolée en Allemagne, *Bacillus thuringiensis (Bt)*. Ce maïs, dit « Bt », est censé résister à son prédateur, la pyrale, en produisant dans ses tissus ce pesticide considéré comme non toxique pour l'homme. La pyrale est un papillon dévastateur qui détruit chaque année une partie de notre production de maïs, notamment dans le Sud-Ouest. Ses chenilles se nourrissent des tissus de la plante et ont trouvé dans l'extension rapide des cultures de maïs une condition très favorable à la propre extension de leurs habitats. Or il est aujourd'hui avéré que la pyrale ne manquera pas de développer en quelques générations une résistance certaine à ce pesticide, laquelle rendra alors sans objet la transformation génétique du maïs. On a longtemps cru que le « Bt », pesticide d'origine naturelle, ne susciterait pas de résistance chez ces parasites. On sait aujourd'hui qu'il n'en est rien.

Il en ira sans doute de même de la sésamie, autre prédateur du maïs. Au demeurant, Novartis, la firme productrice du maïs transgénique autorisé à la culture, reconnaît que ces risques vont bel et bien se concrétiser, mais pas avant huit ans au moins. C'est reconnaître honnêtement que des résistances acquises peuvent effectivement survenir, conformément aux lois fondamentales de la Vie qui parvient toujours, grâce aux mécanismes mêmes de l'évolution, à susciter une riposte aux agressions en sélectionnant certains mutants résistants. Ainsi le maïs « Bt » générera des résistances chez les insectes ravageurs qu'il est censé combattre. N'est-ce pas d'ailleurs de cette façon que certains organismes vivants se défendent contre les substances chimiques toxiques que l'homme utilise pour en venir à bout ? On le voit bien dans le cas des antibiotiques, eux aussi d'origine naturelle, tout au moins pour les « têtes de série », mais qui n'en génèrent pas moins des résistances tenaces chez les germes qu'ils sont censés combattre.

On admet aujourd'hui que le gène de résistance à la pyrale ne saurait être communiqué par voie sexuée à d'autres espèces cultivées ou sauvages dans la mesure où le maïs, d'origine sud-américaine, ne possède, hors de son continent d'origine, aucun analogue proche dans la nature, que ce soit en Europe ou ailleurs. Il ne pourra donc communiquer par son pollen le gène « Bt » à aucune autre espèce figurant dans son environnement naturel, hormis bien entendu au maïs non transgénique qui acquerra alors ce caractère. D'où deux questions : comment éviter que le maïs transgénique ne transmette son gène au maïs tout court ? Et comment pourra-t-on s'assurer qu'un maïs consommé en alimentation animale ou humaine est effectivement non transgénique, alors même que le gène « Bt » est véhiculé par le pollen et le vent d'un champ à un autre ?

En Amérique tropicale, le problème est encore plus compliqué. Ici, en effet, le maïs est chez lui et se croise sans difficulté avec la téosinte, plante qui lui est très proche. Leur possibilité de croisement est aujourd'hui prouvée, et ce, bien que le pollen du maïs ne conserve son pouvoir germinatif qu'une à deux heures, ce qui est peu.

On peut en outre redouter que les populations de pyrales, « évincées » du maïs « Bt », ne se rabattent sur les cultures de maïs non transgénique, qui deviendront alors d'autant plus menacées. Car ce type de migrations d'une niche écologique à une autre est bien connu dans la nature. Du coup, ce sont les agriculteurs traditionnels qui devront « porter le chapeau » pour s'être refusés à passer au transgénique !

La non-transmissibilité du gène « Bt » à d'autres espèces, tout au moins en Europe, a servi de base à toute l'argumentation conduisant à l'autorisation de la commercialisation du maïs transgénique en Europe, et surtout de sa culture en France. On a vu, en effet, à l'issue d'un long processus administratif, Paris défendre le dossier du maïs transgénique à

Bruxelles, qui en avait interdit la commercialisation le 25 avril 1996 pour l'autoriser ensuite, le 18 décembre de la même année, sans qu'aucun élément nouveau ne soit pourtant intervenu. Même valse hésitation en France même, qui en a interdit la culture en mai 1997 avant de l'autoriser en novembre ! On notera à ce propos que le refus de la culture fut le fait d'un gouvernement de droite, celui de M. Alain Juppé, Mme Corinne Lepage, personnellement engagée sur ce dossier, étant alors ministre de l'Environnement ; et que l'autorisation de culture fut au contraire accordée par M. Lionel Jospin, Premier ministre d'un gouvernement de gauche, le ministre de l'Environnement et de l'Aménagement du territoire étant Mme Dominique Voynet, représentante des « Verts » ! Étranges paradoxes de la politique qui démontrent à l'envi que l'écologie n'est décidément ni de droite, ni de gauche, mais qu'elle est l'affaire de tous, puisque ses enjeux concernent l'ensemble de l'humanité.

Le colza transgénique offre un cas de figure exactement inverse de celui du maïs. Cette magnifique crucifère aux fleurs d'un jaune éclatant, dont l'or égaie la nature au printemps, a été rendue, par transgenèse, tolérante à un herbicide utilisé pour désherber les champs, le glufosinate, efficace contre toutes les mauvaises herbes. Or des résistances à cet herbicide se sont manifestées dès 1996 en Australie alors même qu'il était communément admis que le glufosinate n'en suscitait jamais. Les choses se sont encore compliquées lorsque des mauvaises herbes adventices ou voisines des champs de colza transgénique, censées être éradiquées par le glufosinate, manifestèrent à leur tour des tolérances à cet herbicide. L'affaire mérite qu'on s'y arrête.

Dans les livraisons des 7 mars et 11 avril 1996 de la célèbre revue britannique *Nature*, des scientifiques danois et anglais avaient signalé que le colza s'hybridait spontanément avec la navette sauvage, espèce très proche appartenant au même genre *Brassica*, de la famille des crucifères. L'affinité entre ces deux plantes, la cultivée et la sauvage, est d'autant plus grande que le colza est lui-même un hybride résultant du croisement d'un chou sauvage et précisément de cette navette, l'un et l'autre appartenant d'ailleurs au même genre *Brassica*. Par voie sexuée, c'est-à-dire par son pollen, le colza transmet donc son gène de tolérance au glufosinate à la navette sauvage. Et l'hybride obtenu est fertile. Selon des expérimentations effectuées dans le cadre de l'Institut national de la recherche agronomique (INRA), il s'en produit spontanément plus que l'on en avait initialement prévu. Mieux encore : l'hybride peut se former à une distance de 2,5 kilomètres des champs de colza, le pollen étant disséminé par les abeilles. Cette propagation du pollen de colza sur une pareille distance n'avait non plus été envisagée par personne.

Pour prévoir les effets à long terme de la dissémination du transgène, l'équipe de Pierre-Henri Gouyon, professeur à Orsay, a mis au point un modèle informatique ; selon ces simulations, « le gène de résistance sera transféré dans les populations sauvages, même si la fréquence des croisements entre plantes cultivées et plantes sauvages est très faible [...]. On ne peut donc espérer confiner le gène introduit au compartiment cultivé (le seul colza)[1] ».

Malgré ces mises en garde, la Commission de Bruxelles a autorisé le 6 février 1996 la commercialisation du colza transgénique avant même que les résultats des recherches en cours ne soient connus. Cette précipitation a soulevé l'indignation critique des scientifiques concernés, choqués de ce que les industriels, non contents de ne pas tenir compte de leurs travaux, forcent les décisions de crainte que leurs conclusions ne viennent en contrecarrer l'adoption.

La navette sauvage n'est pas la seule crucifère à s'hybrider avec le colza. D'autres crucifères très affines font de même, comme l'a montré

1. « Le génie génétique testé dans les champs », *La Recherche*, n° 270, vol. XXV, novembre 1994.

Henri Darmency[1], du Laboratoire de Malherbologie de l'INRA, à Dijon, où l'on étudie non pas la prosodie de Malherbe (« Enfin Malherbe vint... »), mais les mauvaises herbes ou ivraie ! Parmi celles-ci figurent les ravenelles, les roquettes, voire la moutarde des champs. La barrière sexuelle qui sépare ces espèces est floue et les gènes de l'une pénètrent aisément dans l'autre. Ces jolies crucifères à fleurs jaunes, parfois blanches, ressemblent à ce point au colza que jadis, avant l'emploi généralisé des herbicides, elles envahissaient au printemps les champs de céréales encore en herbe, tant et si bien que dans le paysage un champ de blé ressemblait alors à s'y méprendre à un champ de colza !

La dissémination du gène de tolérance au glufosinate constitue donc une fatalité qui obère lourdement l'avenir du colza transgénique. Pis : dès lors qu'elles ont « accaparé » le gène de résistance au glufosinate, les mauvaises herbes deviennent plus mauvaises encore puisque, désormais, elles sont non seulement mauvaises mais tolérantes à cet herbicide. On riposte à cela que la tolérance au glufosinate ne s'étend pas à tous les herbicides, et que d'autres produits pourront toujours être utilisés. C'est

1. Henri Darmency, in *Génie génétique : des chercheurs citoyens s'expriment*, *op. cit.*

omettre de préciser que ceux-ci seront plus sélectifs, certes, mais aussi plus toxiques...

Autant dire que le génie génétique a déjà intégré l'argument du transfert de tolérance et ne s'en préoccupe plus que modérément, au grand dam des écologistes.

Ainsi, les plantes transgéniques émergent-elles à peine sur le marché qu'elles manifestent dejà les limites de leur utilisation en générant de sévères répliques de la part des ennemis des cultures : résistance des insectes au pesticide « Bt » pour le maïs, tolérance des mauvaises herbes au glufosinate pour le colza. De sorte que le mythe du progrès est en l'occurrence déjà sérieusement ébréché !

Mais ces vicissitudes ne sont pas faites pour arrêter les firmes productrices qui envisagent de proposer à la vente, au fur et à mesure des besoins, et s'il le faut chaque année, de nouvelles plantes transgéniques tolérantes à de nouveaux herbicides ou n'ayant pas encore déclenché de phénomènes de résistance chez les prédateurs... S'esquisse ainsi une sorte d'offre commerciale « en kit » comportant un type donné de semences et le pesticide correspondant. De quoi finir d'assujettir les agriculteurs aux multinationales qui les fournissent.

Nombreuses sont les plantes de culture, comme la betterave à sucre, la luzerne, le riz, le tournesol, qui peuvent pareillement échanger des gènes avec des espèces apparentées. En

Asie, par exemple, le riz peut s'hybrider avec une espèce proche : le riz rouge sauvage. Ces exemples semblent entrer en contradiction avec la définition traditionnelle de l'espèce dont les individus sont considérés comme féconds entre eux, mais stériles avec ceux d'autres espèces. En réalité, les barrières sont poreuses entre espèces affines, et cette porosité est particulièrement marquée dans les familles morphologiquement très typées où les espèces voisines, fort semblables, diffèrent seulement par d'infimes particularités, la quasi-identité de leurs caractères exprimant naturellement celle de leur patrimoine génétique. C'est le cas notamment chez les crucifères, mais aussi chez les graminées auxquelles appartiennent la plupart des céréales. Par le passé, on l'a vu, ces subtils distinguos touchant l'interfertilité ou l'interstérilité n'ont pas été faits par les botanistes, qui n'ont tenu compte que des caractères morphologiques directement observables sur la plante elle-même, fraîche ou conservée en herbier, pour différencier et nommer les espèces sauvages. Or, avec l'émergence des plantes transgéniques, il devient aujourd'hui primordial de savoir comment et vers quoi la plante dissémine son pollen ; quelles sont, dans la nature, ses possibilités de croisements ; à qui « bénéficiera » – si l'on peut dire – la fuite de ses gènes vers des espèces sauvages affines.

Nous savons encore fort peu de chose sur ces questions, et des expérimentations beaucoup plus approfondies paraissent absolument nécessaires avant tout grand lâcher de plantes transgéniques dans le milieu naturel. Ce qui supposerait donc d'aller moins vite, pour avancer d'un pas plus sûr.

Une question cruciale n'est en effet jamais posée : quelles vont être, à terme, les conséquences de ces manipulations sur l'écosystème mondial ? Car les modifications produites sont, par leur nature et leur rapidité, sans commune mesure avec le rythme et les modalités de l'évolution naturelle. Va-t-on, en modifiant les niches écologiques, bouleverser certains équilibres ? engendrer de nouvelles résistances ? favoriser le développement de certains prédateurs, ainsi que l'émergence de nouveaux agents pathogènes pour les plantes, les animaux, voire les humains ? Verrons-nous surgir des plantes ultracompétitives, à l'origine de nouveaux phénomènes invasifs ? Dans quelles proportions et avec quelles conséquences sur les écosystèmes ? Quel est le niveau d'inertie de l'écosystème mondial menacé par le « tout-transgénisme » alors même que l'on s'alarme déjà des perturbations en cours et à venir du climat terrestre ?

Si une forte entropie, un grand désordre semblent nous menacer, n'oublions pas que la nature a aussi ses propres facultés de régulation : elle peut éliminer par sélection toutes ces plantes « surnuméraires », remettant en cause la belle assurance de nos modernes apprentis sorciers. Ainsi, en 1997, des insectes ont détruit au Texas des milliers d'hectares de coton transgénique Monsanto, pourtant supposé résister à ces prédateurs...

On ne peut cependant évacuer le problème posé par ce que Guy Paillotin, ancien directeur de l'INRA, appelle la « manipulation sans limites ». Celle-ci justifie à elle seule l'instauration d'un contrôle de nature éthique sur la mise en œuvre des biotechnologies[1]. Que le terme *éthique* vienne ici sous la plume d'un ancien haut responsable de la Recherche agronomique est particulièrement réconfortant. Car il n'est habituellement question d'éthique que lorsque l'homme est directement concerné. La nature, elle, serait en quelque sorte triturable et transformable à merci. Or la frontière entre l'homme et la nature est aussi poreuse que celle qui sépare des espèces affines. Pour le dire en bref, l'homme est « affine à la nature ». Il ne peut subsister sans elle, alors que l'inverse n'est pas vrai. Les plantes peuvent parfaitement se passer de nous. En revanche, nous ne pouvons nous passer d'elles pour nous

1. Guy Paillotin, *Le Courrier de l'environnement*, n° 29, décembre 1996.

nourrir et nous guérir. D'où une « solidarité structurelle » à laquelle nous ne pouvons nous dérober. D'où aussi, fort logiquement, des préoccupations éthiques qui se doivent d'englober et l'homme et la nature.

Est-il permis de rêver ? Depuis ma plus tendre enfance, l'astronomie m'a toujours passionné. La beauté d'un ciel étoilé appelle à la contemplation. Mais, ici, pas question de manipuler, de bricoler : on ne peut faire qu'observer. Ainsi n'est-il sans doute jamais venu à l'idée d'aucun astronome qu'on puisse un jour faire se croiser l'orbite de Jupiter et celle de Pluton, ou de transplanter les lunes du même Jupiter et les mettre à graviter autour de la planète Mars ! Moins encore de bouleverser l'immuable ballet des planètes autour du Soleil, le mouvement du Soleil dans notre Galaxie, l'élan de cette Galaxie vers les confins de l'Univers... On aimerait que nos collègues du génie génétique méditent sur la nécessaire sobriété des « artistes du ciel », sans doute condamnés à perpétuité à observer pour comprendre, mais sans jamais vouloir ni pouvoir manipuler pour transformer. Oui, on voudrait que la fabuleuse ordonnance de l'ADN inspire d'autres considérations et attitudes qu'une ardente propension à la tripatouiller et à la bouleverser. Sur ce terrain, où chaque pas accompli risque de se révéler irréversible, ayons soin de ne progresser qu'avec sagesse et circonspection, d'en faire moins et d'aller moins vite. Gageons que nos enfants et les enfants de nos enfants nous en sauront infiniment gré !

CHAPITRE VIII

Les risques pour la santé

La transgenèse, disions-nous, ne s'apparente en rien à un Meccano dont on déplacerait à volonté telle pièce ou telle autre en vue de modifier la structure de l'édifice. La génétique est d'ailleurs encore loin de connaître tous les secrets de cette structure. Elle reste une technologie empirique qui ne permet pas de savoir ni à quel emplacement précis du génome se fixera le transgène, ni même quels seront tous les effets possibles de ce transfert. Le critère, ici, est le résultat obtenu : ça marche ou non, le caractère attendu a été fixé ou ne l'a pas été. Le nombre d'essais aboutissant à un échec est incommensurablement plus élevé que celui des succès obtenus. Aussi ne peut-on exclure que tout ce matériel génétique instillé dans un génome ne génère des propriétés inattendues, indésirables, ou, pis encore, toxiques.

La question de l'évaluation de la toxicité chronique des plantes transgéniques n'a fait jusqu'à présent l'objet d'aucune exigence particulière. Mon collègue Gilles-Éric Séralini a parfaitement raison d'établir une comparaison entre l'élaboration des médicaments, dont la mise sur le marché est précédée par des tests extrêmement sophistiqués, et celle des plantes transgéniques destinées à l'alimentation, qui ne font l'objet d'aucun contrôle systématique de toxicologie à long terme. L'évaluation de cette toxicité exigerait, il est vrai, des délais suffisants et des expérimentations en laboratoire sur de vastes populations de rongeurs. Or, en matière de plantes transgéniques, la règle est d'aller vite, de sorte que l'élaboration d'une toxine nouvelle pourrait fort bien passer à travers les mailles du filet...

Des remarques analogues peuvent être formulées sur la présence dans les tissus des plantes transgéniques de pesticides, d'herbicides ou de leurs métabolites. Quand on parle de plantes « tolérantes » aux herbicides, on entend par là qu'elles sont capables d'absorber des quantités significatives d'herbicides sans pour autant être détruites. Ces herbicides seront ensuite métabolisés dans les tissus du végétal ; dans le meilleur des cas, leurs métabolites principaux sont connus. C'est par exemple le cas pour le glyphosate. Mais la question des effets cumulatifs à long terme ne s'en pose pas moins. En effet, les plantes transfèrent aux animaux, qui s'en nourrissent, les molécules issues du métabolisme des herbicides ; puis ces animaux les transfèrent à leur tour, par l'alimentation carnée, aux humains.

Ce processus d'accumulation de molécules toxiques tout au long de la chaîne alimentaire est bien connu. Il a été mis en évidence avec précision en ce qui concerne le DDT, et a d'ailleurs abouti à son interdiction. À l'époque où celle-ci est intervenue, il y a une vingtaine d'années, un Israélien comptait 19 parties par million (ppm) de DDT dans ses tissus adipeux, et un Indien 29 ppm[1] ! Car l'homme qui mange tout et que personne ne mange figure tout au bout de la chaîne alimentaire et concentre toute sa vie durant les pesticides ou les résidus de pesticides dans ses tissus. Ce processus est d'autant plus redoutable que la longévité de l'individu est grande. Ainsi peut-il arriver à concentrer le DDT d'un facteur 25 millions par rapport aux doses répandues dans la végétation ou l'eau environnantes !

Or, ce type de molécules se révèle parfois beaucoup plus toxique qu'on ne le croit de prime abord. Ainsi le glyphosate présente en toxicologie chronique des effets mutagènes et des effets négatifs sur la fertilité des mammi-

1. Jean-Marie Pelt, *L'Homme renaturé*, Le Seuil, coll. « Points Science », 1990.

fères, ainsi que diverses publications des années 1996-97 l'ont montré. Il ne serait donc pas aussi inoffensif qu'on le prétend ! De surcroît, certains herbicides « totaux » – glufosinate (« Basta » ou « Liberty ») et glyphosate (« Round up ») –, s'ils sont biodégradés dans le sol en l'espace de quelques semaines, le sont bien moins vite dans la plante dont les tissus constituent un milieu non septique, donc moins actif sur le plan de la biodégradabilité. Le risque d'accumulation dans le végétal s'en trouve augmenté d'autant.

Qu'en sera-t-il de ces herbes tolérantes aux pesticides qui, en les accumulant, risquent de devenir, comme le dit le professeur Séralini, des « plantes à pesticides » ? Ce type de préoccupations n'a pas été suffisamment pris en compte dans l'élaboration et l'autorisation de diffusion des plantes transgéniques, notamment aux États-Unis où l'on a fait montre en ce domaine d'un regrettable laxisme. Pourquoi ne pas assimiler les plantes transgéniques destinées à l'alimentation animale ou humaine aux médicaments pour ce qui concerne les contrôles préalables à leur mise sur le marché ? Car ces plantes seront consommées beaucoup plus longtemps qu'un simple remède, lequel n'est utilisé le plus souvent que quelques jours, voire quelques semaines. Les aliments transgéniques, eux, risquent d'être ingérés indéfiniment et chaque jour. Vérifier l'éventuelle accumulation de résidus de pesticides dans leurs tissus, dans ceux des animaux qui les consomment, et surtout dans les nôtres, s'impose absolument.

Tout autre encore est le problème des gènes déterminant une résistance à certains antibiotiques. De tels gènes sont introduits dans les plantes transgéniques comme marqueurs afin de vérifier que le gène que l'on désire insérer dans leur génome l'a effectivement été. Or cette utilisation, pour des raisons *purement techniques,* de gènes de résistance aux antibiotiques, fait gravement question. Si l'humour était de mise, on ne parlerait plus ici de biotechnologies, mais d'« antibiotechnologies » !

Ainsi le maïs transgénique contient un gène de résistance à l'ampicilline. Quel va être le devenir de ce gène ? On fera valoir que l'ampicilline est peu utilisée dans le traitement des bovins consommateurs de maïs, et qu'il n'est pas prouvé que, dans la panse ou l'intestin des ruminants, le maïs transférera ce gène aux bactéries qu'ils abritent. On ajoutera que, de toute manière, nombreuses sont les souches bactériennes déjà résistantes à cet antibiotique. Pourtant, la question ne peut être éludée : va-t-on créer chez les bactéries pathogènes de nouvelles résistances aux antibiotiques ? Nous pénétrons ici dans des zones d'ombre que la recherche, s'agissant des plantes transgéniques, n'a pu encore dissiper.

De surcroît, une seule mutation du gène de résistance à l'ampicilline induit une résistance aux antibiotiques du groupe des céphalosporines, dont les plus récents sont utilisés dans le traitement des infections les plus graves : ainsi, une résistance acquise à l'ampicilline peut rapidement en générer d'autres, cette fois aux céphalosporines. Il est donc capital de savoir ce que deviendra ce gène : passera-t-il directement ou indirectement aux bactéries ? On s'accorde à penser que le risque est minime, mais il est impossible d'afficher une totale certitude à ce sujet. Qu'est-ce qu'un risque minime si des millions d'hectares sont ensemencés par ce maïs ? Un tel risque est-il acceptable ? Si oui, qui va en décider : les experts, les politiques, l'opinion[1] ?

L'utilisation de ce type de marqueur (gène de résistance aux antibiotiques) est fréquente. Ainsi la tomate génétiquement transformée pour pourrir moins vite contient un gène de résistance à la kanamycine. Or, comme pour l'ampicilline, une seule mutation du gène de résistance à la kanamycine confère la même résistance à l'amikacine, utilisée dans le traite-

1. Dans son n° 309 de mars 1998 *La Recherche* vient de consacrer un article très critique contre ces pratiques et le directeur de Monsanto s'engage à ne plus utiliser dans l'avenir de tels marqueurs.

ment des méningites et des affections broncho-pulmonaires graves.

La pratique consistant à obérer le génome receveur de tels gènes de résistance pose un problème théorique capital : celui de la transmission de ces résistances à des bactéries et, de l'une à l'autre – car celles-ci pratiquent entre elles le « libre échange » de gènes –, à des bactéries pathogènes. Or la résistance des germes pathogènes aux antibiotiques constitue aujourd'hui l'un des problèmes de santé publique les plus préoccupants. Certaines souches bactériennes sont en effet devenues quasi résistantes à tous les antibiotiques et l'on redoute que la propagation des résistances acquises par les souches de germes pathogènes vis-à-vis des antibiotiques existants n'en vienne à prendre de court la mise sur le marché d'antibiotiques nouveaux. Ce fait, entre autres facteurs, explique que les maladies bactériennes sont à nouveau en expansion dans le monde entier et redeviennent l'une des premières sources de préoccupation des organismes internationaux de santé publique. Alors qu'il y a une quinzaine d'années, on ne comptait que quelques centaines de décès dus aux infections bactériennes contractées dans les hôpitaux français, ce chiffre serait passé aujourd'hui à dix mille. En effet, dans bien des cas, il devient impossible de juguler ces infections foudroyantes par quelque antibiotique que ce soit. Certaines souches de staphylocoques dorés, par exemple, résistent désormais à tous les traitements. Or notre pays, qui a recouru sans aucune modération aux antibiotiques, est particulièrement exposé à ces pathologies nosocomiales. Selon des chiffres avancés par M. Bernard Kouchner[1], secrétaire d'État à la Santé, 57 % des souches de ce staphylocoque sont devenues résistantes en France, contre seulement 1 % au Danemark, pays infiniment plus écologique et où les antibiotiques ont toujours été consommés avec mesure.

Ces résistances aux antibiotiques représentent en fait la riposte des agents pathogènes aux stratégies de lutte que nous déployons envers eux. L'issue de cette partie de bras de fer qui nous oppose à eux devient chaque jour plus incertaine. Prendre le risque d'introduire des gènes de résistance dans les champs et les aliments est donc inacceptable. Aux dires des industriels eux-mêmes, on saurait aujourd'hui fabriquer un maïs transgénique dépourvu du gène de résistance à l'ampicilline. Que ne l'a-t-on fait ! Et pourquoi ne pas avoir attendu que cette nouvelle formule soit au point pour autoriser la culture de ce maïs ?

À la résistance aux antibiotiques s'ajoutent des risques d'allergie. Des gènes de noix du Brésil ont été incorporés dans du soja trans-

1. *Envoyé spécial*, France 2, 9 avril 1998.

génique. Or le soja ainsi modifié s'est révélé hautement allergénique pour certaines personnes ; il a donc fallu le retirer du marché. Ce type de risques doit lui aussi être attentivement examiné et faire l'objet de tests préalables aux mises sur le marché.

Malgré le jeune âge de la transgenèse, d'autres accidents ont déjà été signalés. Il y a une dizaine d'années, une entreprise japonaise, Shova-Denko, fabriqua un médicament destiné à vaincre la dépression, le Tryptophane, à l'aide d'une bactérie génétiquement modifiée. Cette substance, un acide aminé, se trouve normalement dans toutes les protéines alimentaires ; elle est le précurseur métabolique de la sérotonine, neurotransmetteur dont la baisse de teneur dans le cerveau engendre l'état dépressif. D'où les applications thérapeutiques de cet acide aminé. Mais le micro-organisme qui synthétisait le Tryptophane synthétisait aussi d'autres substances qui se sont révélées toxiques, entraînant vingt-sept décès et des handicaps permanents constatés chez plus d'un millier de personnes, notamment aux États-Unis. Les auteurs d'une publication du *New England Journal of Medicine*[1] ont conclu en incriminant un nouveau mode de fabrication (nouvelle souche de bactérie, simplification de

---

1. Belongia *et al.*, *New England Journal of Medicine*, 323, n° 6, 9 août 1990.

la filtration). En 1993, après des essais prolongés, la Food and Drug Administration, par la voix de Samuel Page, son directeur de la division des produits naturels, a cependant souligné que si le L-Tryptophane était indiscutablement responsable de la nouvelle maladie, il était impossible d'affirmer en toute certitude que la cause initiale en était la manipulation génétique. La question n'a donc pas reçu de réponse définitive.

Quoi qu'il en soit, ces « maladies de jeunesse » de la transgenèse nous conduisent à montrer du doigt de nombreux problèmes qui méritent tous de plus amples investigations. Certaines pratiques doivent absolument être proscrites, telle l'introduction de gènes de résistance aux antibiotiques. D'autres doivent être initiées et développées : c'est notamment le cas des essais de toxicologie chronique. Le débat national et international engagé à propos des plantes transgéniques aura au moins eu le mérite d'attirer l'attention sur ces questions qui, à ce jour, n'ont été que trop peu et trop rarement évoquées. Il contribuera de ce fait à accroître la sécurité des produits et justifiera pleinement l'engagement de l'écologie sur ce terrain.

CHAPITRE IX

Le devenir des gènes transplantés

Nous allons aborder dans ce chapitre les aspects les plus délicats et les plus mal connus des modifications génétiques. Il s'agit de savoir – et surtout de prévoir – le devenir des transgènes dans la nature ; et, davantage encore, les modifications qu'ils pourraient éventuellement générer en se recombinant au matériel génétique de virus, de micro-organismes, de plantes ou d'animaux non transgéniques, pour aboutir finalement à la formation de nouveaux agents pathogènes.

On a vu qu'un transgène peut se propager par voie sexuée, comme dans le cas du colza qui, par son pollen, échange ses gènes avec des plantes appartenant à des espèces affines. Mais il peut aussi se communiquer par d'autres voies, qualifiées cette fois de « transmission horizontale ». Nous sommes ici sur un terrain particulièrement délicat où les connaissances scientifiques sont encore rudimentaires. On sait simplement que certains gènes peuvent se « transposer » d'une partie du génome sur une autre, ainsi que l'a montré Barbara McClintock dans le cas du maïs : on les a baptisés *transposons.* On sait aussi – fait encore plus étrange – que certains gènes peuvent être échangés par voie non sexuée entre individus différents, et que ces processus semblent avoir joué un rôle dans les mécanismes de l'évolution biologique. Le phénomène a été notamment démontré chez les drosophiles, même si beaucoup d'énigmes non résolues subsistent encore à ce propos.

Dès lors que ces processus de transposition existent, toute une série de questions se posent. Qu'advient-il, par exemple, d'un transgène conservé dans le sol lorsqu'une plante meurt ? En principe, des enzymes spécifiques, les nucléases, détruisent le génome des cellules, qu'elles attaquent. Mais on a pu montrer que dans certains cas, le génome se maintient intact dans le sol pendant plusieurs mois, voire une année. Et même plus d'un an dans le cas du gène de résistance à la gentamycine, présent dans des plants de tabac transgénique. Ces gènes entrent alors en contact avec le monde bactérien. Or, chez les bactéries, les gènes se transmettent sans difficulté, on l'a vu, puisqu'elles ne connaissent pas de reproduction sexuée mais se communiquent leur matériel génétique par échanges directs entre elles. Il est donc tout à fait possible d'imaginer que des fragments de génomes végétaux passent dans les bactéries, puis de bactéries à bactéries. Peuvent-ils alors se transmettre d'une bactérie à d'autres plantes ?

On connaît le cas d'une bactérie génératrice de tumeurs végétales, *Agrobacterium tumefaciens*, qui transmet son matériel génétique à des plantes au sein de la tumeur qu'elle y a provoquée. C'est même une des voies les plus fréquentes de transfert du matériel génétique des bactéries vers les plantes, d'ailleurs utilisée en génie génétique pour introduire de l'ADN dans un végétal donné.

Existe-t-il d'autres voies de communication ? Et qu'en est-il en sens inverse, des plantes vers les bactéries ? Pour l'heure, le phénomène n'a pas été démontré, mais des homologies de séquences entre les règnes peuvent le suggérer. En fait, le volume des recherches effectuées en ce domaine est si faible qu'aucune conclusion significative ne saurait en être tirée. Mais il est possible que le passage de matériel génétique – sans doute très rare – de la plante à la bactérie, avec retour éventuel à d'autres plantes, soit un autre mode de « communication horizontale » qui vienne s'ajouter à celui des transposons.

Là se trouverait peut-être l'explication plausible d'un phénomène déroutant que les botanistes, jusqu'ici, n'ont jamais su interpréter.

Dans certaines régions du monde, on constate que des plantes appartenant à des familles botaniques extrêmement éloignées les unes des autres, comme l'attestent les dissemblances de leurs fleurs, présentent en revanche d'étranges similitudes dans leur appareil végétatif. C'est une des grandes énigmes du monde des plantes, inexplicable en l'état actuel de nos connaissances. Ainsi de ces espèces des îles Mascareignes qui génèrent sur le même individu plusieurs sortes de feuilles morphologiquement fort différentes : on parle à ce sujet d'hétérophilie. On trouve aux Canaries des plantes appartenant à des familles aussi éloignées que celles des euphorbes et des marguerites, mais qui se ressemblent tout à fait, simulant étrangement de petits arbres miniatures, sortes de bonzaïs naturels. Autre mystère : ces arbres dits tortillards qui, à l'instar des hêtres champenois appelés « faux de Vierzy », arborent des allures torturées, des rameaux tout entortillés, qu'on retrouve aussi chez certains noisetiers. Comment expliquer qu'un même caractère on ne peut plus original se retrouve chez des plantes qui n'ont aucune affinité botanique entre elles, car elles ne résultent pas de la transmission d'un patrimoine héréditaire par voie sexuée ? Ne peut-on imaginer qu'un gène initialement modifié par mutation, et génétiquement fixé sur une lignée, ait été ensuite véhiculé de plante à plante par des bactéries, au niveau des racines, ou par tout autre système de transfert ? L'échange se serait alors effectué par-delà la barrière des espèces et en dehors de la voie sexuée usuellement empruntée pour les échanges de gènes. Voilà en tout cas une hypothèse qu'on ne saurait exclure.

Il existe donc des potentialités de mobilité du génome et des transgènes, entraînant des flux de gènes tout à fait imprévisibles, pour ne pas dire inexplicables. Les génomes sont, on le voit, justement ce qu'un Meccano n'est pas : il faut les imaginer relativement mobiles, comme l'évolution, et, qui sait, convertibles ou reconvertibles, comme la Vie dont ils sont l'expression première. De ce fait, il est extrêmement difficile de déduire des quelques expériences menées en laboratoire ce qui pourrait se produire dans la nature lorsque des millions et des millions d'hectares de plantes transgéniques seraient cultivés chaque année à travers le monde.

À noter encore que la fameuse règle que brandissent les milieux spécialisés, selon laquelle chaque variété transgénique mérite un examen particulier avant de déboucher sur une autorisation « au cas par cas », est ici parfaitement inopérante. Car l'examen minutieux de chaque wagon risque de faire oublier l'allure du train, sa direction, sa vitesse, la proximité du mur ou de l'abîme vers lequel il risque de se précipiter. Le tout, répétons-le avec Pascal, est plus que la somme des parties. Et les problèmes les plus graves, ceux des transferts horizontaux consécutifs à des transgenèses peut-être traumatisantes pour le génome, sont communs à toutes les plantes transgéniques. Au-delà de tel ou tel cas particulier, ils sont la boîte de Pandore de la transgenèse.

Malheureusement, faute d'expérimentations suffisantes, on en est ici réduit aux extrapolations et aux hypothèses. On peut néanmoins imaginer, par exemple, que le génome soit fragilisé au lieu d'insertion d'un transgène, ou gravement déséquilibré dans son architecture – hypothèse que confortent les recherches de Jean-Claude Perez et Joël Sternheimer, que nous évoquerons ci-après Risque-t-il d'y avoir « rupture d'harmonie » ? Il n'est pas exclu non plus que des mutations puissent se révéler plus fréquentes ou plus probables sur ces localisations. On peut aussi imaginer que dans le sol ou dans l'intestin des consommateurs, tout ou partie d'un transgène, tout ou partie d'un génome se recombine avec d'autres fragments ou d'autres génomes pour donner naissance à de nouvelles entités génétiques, bactériennes ou virales.

Là se pose la question capitale qui jette une ombre singulière sur le dossier scientifique des plantes transgéniques : quand des milliards et des milliards de plantes transgéniques seront diffusées dans la nature, ne faut-il pas redouter que l'imprévisible se produise et que des recombinaisons aboutissent à la formation de nouveaux agents pathogènes, donc à l'apparition de nouvelles maladies qu'il est aujourd'hui absolument impossible de prévoir ? Tout comme étaient imprévisibles il y a vingt ans le sida, il y a dix ans les prions ?

On sent ici à quel point les bases sur lesquelles se fonde le génie génétique sont fragiles.

Imprévisibles, mais aussi irréversibles sont les risques liés à la dissémination massive des plantes transgéniques qui, une fois lâchées dans la nature, ne pourront évidemment plus être récupérées en cas de problème grave. On mesure là tout l'intérêt du confinement. Tant qu'on en restait à l'étude et à la culture de ces plantes en laboratoire, en serre, voire dans des ateliers industriels, ces risques demeuraient sinon prévisibles, du moins maîtrisables. Ils ne le sont plus du tout dans le cas d'une dispersion massive dans la nature. C'est ce risque ou ce type de risques qui obère le plus lourdement, à mes yeux, le dossier des plantes transgéniques. Sans doute n'aurait-on jamais dû leur faire quitter aussi précipitamment les laboratoires ! Peut-être n'est-il d'ailleurs pas encore trop tard pour bloquer un processus qui deviendra très vite irréversible, si l'on en juge par la rapidité avec laquelle il se développe.

Il en est un peu des plantes transgéniques comme du drame du *Titanic* : la menace des icebergs existait, elle était connue, mais, à un moment donné, la vitesse du palace flottant rendait la situation irréversible : impossible de corriger sa trajectoire. Mais, si le *Titanic* avait été lancé à pareille vitesse, c'est qu'on le considérait comme insubmersible ; ingénieurs et techniciens étaient formels : un tel bateau ne pouvait couler[1]. Sempiternelle superbe des experts, toujours aussi péremptoires et toujours démentis ! Il en va de même aujourd'hui de ces déclarations condescendantes ou fracassantes qui ignorent ou feignent d'ignorer l'imprévisibilité des risques inhérents au « bricolage génétique ». Sans doute leurs auteurs ont-ils oublié la phrase fameuse que Goethe appliquait à la nature : « Nous agissons constamment sur elle, et nous n'avons pourtant aucun pouvoir sur elle[2]. »

Les aléas des transferts horizontaux consécutifs aux perturbations des génomes par transgenèse demeurent la grande inconnue des

---

1. Très nombreux sont ceux qui, de par le monde, voient ce film, mais rares sont les spectateurs qui y décèlent la métaphore d'un péril imminent. Notre société, comme le grand paquebot, foncerait-elle droit sur l'iceberg ? Il est temps encore d'amorcer le virage, de mettre le cap sur une vision plus prudente du progrès, moins dépendante des seuls impératifs économiques. Le feronsnous ?

2. Goethe, *Maximes et pensées*, Éd. André Silvaire, 1961.

manipulations génétiques. Tout au plus peut-on dire que la science a levé un coin du voile sur ce problème des transferts de gènes hors de la voie sexuée caractéristique des espèces supérieures. Mais, malgré un travail de documentation approfondi, il n'est guère possible d'aller plus loin aujourd'hui sur ce sujet. Or, si de mauvaises surprises devaient se manifester, on peut craindre que ce ne soit de là, précisément, qu'elles surgissent. En modifiant en l'espace de quelques années le patrimoine génétique de milliers de plantes que la nature, elle, ne modifie par le jeu des mutations que sur le temps long de l'évolution, lequel se mesure en millions d'années, ne prenons-nous pas le risque considérable de créer des perturbations majeures, non prévues, car actuellement non prévisibles ?

Et qu'en est-il des dizaines de milliers d'essais non retenus par les expérimentateurs, de toutes ces plantules bombardées de fragments d'ADN venus ou non se fixer on ne sait trop où, et ne portant pas les caractères recherchés ? Ces déchets expérimentaux pourraient eux aussi générer des caractères génétiques nouveaux, aux conséquences redoutables. Sont-ils détruits, comme la logique et la prudence le voudraient ? En est-on sûr ? Et qui le sait ? Répétons-le : en matière de plantes transgéniques, une stricte vigilance doit être de mise.

CHAPITRE X

Limites du génie génétique

Au terme de ces quelques investigations, il apparaît que le génie génétique n'est plus tout à fait ce qu'il était. Il s'est développé dans un contexte où la biologie moléculaire, discipline reine de la fin du XXe siècle, était conçue dans des perspectives strictement déterministes. Cette science était tout entière contenue dans son paradigme initial : « Un gène code pour une protéine. » Mais, au fur et à mesure que les connaissances se sont accumulées, l'horizon a reculé. La réalité se révèle de plus en plus complexe et conduit à une vision beaucoup plus souple, beaucoup plus « capricieuse », pourrait-on dire, des phénomènes de la vie – en l'occurrence de l'incidence du gène transféré sur le génome d'accueil.

Ce gène introduit perturbe-t-il le génome ? Va-t-il y interrompre des séquences essentielles ? Y aurait-il, par rapport au génome, une sorte d'« écologie du gène » ? C'est ce que suggère Gilles-Éric Séralini lorsqu'il écrit : « Selon sa localisation, ce gène étranger est souvent le prisonnier de régulations imprévisibles qui le conduisent à devenir silencieux la plupart du temps, voire à être surexprimé, plus rarement, ou alors à faire secréter sa protéine correspondante à un moment du développement de l'organisme, ou dans un tissu ou un compartiment où on ne l'attendait pas... » Et cet auteur de poursuivre : « Les cas de réussite sont rares par rapport au nombre d'essais, et la lignée doit ensuite être conservée avec beaucoup de précaution ; elle est relativement instable, car la fluidité et le remaniement du génome au cours de la vie et des générations sont à présent des constatations acquises[1]. » Voilà qui affaiblit singulièrement les certitudes en béton des inconditionnels du transgénisme ! D'autant plus que, comme le confirme Anna-Rosa Martinez dans *Biofutur*[2], « les génomes sont fluides, changeants, adaptables. Les organismes sont capables de modifier l'expression de leurs gènes en fonction des conditions environnantes, et les mêmes gènes s'exprimeront différemment selon le génome dans lequel ils sont insérés... Cette complexité, récemment détectée, met en évidence l'incertitude et le danger inhérents

1. In *Génie génétique : des chercheurs citoyens s'expriment*, *op. cit.*
2. *Biofutur*, n° 172, novembre 1997.

au génie génétique. La nature fluide du génome fait que le résultat d'une transformation, quelle qu'elle soit, est intrinsèquement imprévisible. On a déjà démontré que des virus inactivés insérés dans des plantes transgéniques sont capables de se recombiner avec le génome hôte et d'être réactivés... » Conclusion : « Les *a priori* sur lesquels le génie génétique est basé ne sont plus valides. »

Depuis les travaux sur le maïs de Barbara McClintock, prix Nobel, évoqués ci-dessus, l'on sait aussi que les gènes peuvent migrer sur les chromosomes et être dits « sauteurs ». Toujours selon Gilles-Éric Séralini, « les organismes retransformés naturellement ou issus de cette instabilité auront alors des caractéristiques différentes non prévisibles », qu'ils en viennent à perdre leur caractère nouveau, ou à le modifier, ou à en modifier d'autres « selon un remaniement génétique qui est donc imprévisible à l'aide de nos connaissances actuelles ». Par conséquent, « répandre les fruits de nos transformations génétiques dans le commerce et la nature présente en général, et à n'en pas douter, des risques nouveaux. Cela est d'autant plus grave qu'il ne serait pas scientifique d'affirmer que nous pouvons aujourd'hui les évaluer vraiment. Nous sommes aptes, par contre, à les recenser et à les soupçonner. Et même s'ils sont rares, ils n'en seront pas moins explosifs, quand bien même ils demeureraient latents ou invisibles pendant de nombreuses années, le temps de la multiplication d'un organisme redevenu sauvage ou de l'incubation longue d'une maladie grave. Alors ces risques surpasseront les bénéfices, ces derniers étant souvent – il faut le répéter – réservés à une minorité commerciale. Les dangers ne peuvent certainement pas être complètement estimés grâce à des programmes informatiques réalisés à partir de ces mêmes connaissances actuelles mineures dans un milieu chaotique complexe[1]. »

Le souci que l'auteur de ces lignes porte au « sursis de l'espèce humaine[2] » confère toute sa valeur à sa mise en garde.

Les choses se compliquent lorsqu'on sait que bien des caractères, comme la taille ou le rendement – facteurs éminemment quantitatifs –, sont sous la dépendance de plusieurs, voire de nombreux gènes. Or les modifier par voie génétique est actuellement hors de notre portée. Il est encore plus surprenant de voir le génie génétique, appliqué à l'agronomie et à l'alimentation, prendre une telle ampleur alors qu'on sait bien peu de chose de la structure du génome de la plupart des plantes génétiquement modifiées. À ce jour, on a identifié à peine quelques dizaines de gènes d'intérêt agronomique. Chez les végétaux considérés, la

1. In *Génie génétique : des chercheurs citoyens s'expriment*, *op. cit.*
2. G.-E. Séralini, *Le Sursis de l'espèce humaine*, Éd. Belfond, 1997.

plupart des caractères sont liés à plusieurs gènes en interaction. Chez l'espèce la mieux connue des biologistes moléculaires – une crucifère : *Arabidopsis thaliana* –, 50 % des gènes ont été répertoriés, mais le séquençage des 50 % restants se révèle extrêmement difficile. Un vaste programme de recherche associant les États-Unis, le Japon et l'Europe s'est pourtant fixé cet objectif pour l'an 2000. Ainsi pourra-t-on affirmer qu'un ou quelques individus d'une espèce végétale au moins a livré les secrets de son génome (alors que, notons-le, en dépit du vaste programme dont il a fait l'objet, le travail de séquençage du génome humain n'a pas encore été mené à son terme...) Saluons notamment au passage le remarquable travail de séquençage entrepris sur le riz par des chercheurs japonais. Mais, en dehors de ces quelques cas, la recherche piétine ou ne se poursuit qu'avec lenteur.

Ces retards tiennent d'une part à la difficulté de repérer les fonctions exactes des gènes, d'autre part à l'existence de longues séquences d'ADN qui semblent ne déterminer aucun caractère. Il s'agit d'ADN « muet », imprudemment baptisé parfois « ADN-poubelle » !... Quand on sait que celui-ci représente environ 90 % du génome, on mesure l'étendue de notre ignorance sur le fonctionnement réel de la machinerie génétique qui détermine peut-être des phénomènes dont nous n'avons pas la moindre idée. Dans ses ouvrages *L'ADN devant le souverain*[1] et *Le Serpent cosmique*[2], Jeremy Narby va jusqu'à risquer l'hypothèse hardie que cette fraction muette du génome serait le lieu de stockage des connaissances mises en œuvre par les chamans des sociétés traditionnelles sous l'empire des hallucinogènes... Voilà une supputation audacieuse, qui reste certes à démontrer, mais qui a au moins le mérite d'ouvrir de nouvelles pistes de recherche au-delà du B.A.BA des débutants en biologie moléculaire, condamné à rabâcher qu'« un gène code pour une protéine », un point c'est tout !

Or, ce n'est pas tout. Il advient parfois que ce beau mécanisme s'enraye complètement.

On dispose de plusieurs exemples où des transgènes sont devenus inactifs, perdant leur caractère et ruinant ainsi de longues années de recherche. Telle fut l'amère désillusion de deux équipes – américaine et néerlandaise – qui étudiaient la pigmentation des fleurs de pétunia. L'histoire se rapproche de notre fable de la vache violette. Après que les chercheurs eurent transféré le gène déterminant la biosynthèse du pigment en vue de rehausser la

1. Jacques Dubochet, Jeremy Narby et Bernard Kiefer, *L'ADN devant le souverain : science, démocratie et génie génétique*, Éd. Georg, coll. « Terra Magna », 1998.

2. Jeremy Narby, *Le Serpent cosmique*, Éd. Georg, 1995.

coloration des fleurs, ils obtinrent dans certaines lignées des fleurs entièrement blanches : des albinos ! Le gène second transféré avait gêné l'expression du gène premier. Ce qui suggère que non seulement le transgène ne s'est pas exprimé, mais encore qu'il a inactivé le gène naturel qui, chez la plante, est responsable de sa couleur[1].

Des cas analogues ont été rapportés chez des tabacs curieusement manipulés, on l'a dit, par l'intégration d'un gène de méduse. Extraordinaire chimère, on en conviendra, que ces tabacs devenant fluorescents lorsqu'on les éclaire à la lumière ultraviolette ! Or les chercheurs, en voulant encore renforcer les effets de ce transgène par injection au tabac transgénique de la protéine correspondante, ont fini par éteindre la fluorescence de ces plantes. Mieux encore : le processus d'extinction s'est propagé en quelques jours à toute la plante, redevenue, après ces lourdes opérations de transgenèse, du tabac ordinaire[2].

Voilà donc que la plante donne l'ordre d'inactiver son transgène. Est-ce pour se défendre ? pour rétablir un équilibre antérieur ? Et va-t-on pouvoir « éteindre » à volonté les transgéniques, puisque la nature elle-même semble savoir le faire ? Mais, s'ils

---

1. *Science & Vie*, n° 969, avril 1998, p. 78.
2. *Ibid.*

devaient s'éteindre tout seuls, comment prévoir alors l'avenir d'une plante transgénique ? Faudra-t-il ne laisser se multiplier les plantes transgéniques que par clonage, en leur refusant toute descendance par voie sexuée, hormis bien sûr pour ce qui est des plantes sauvages échappant à nos contrôles ? Autant de questions qu'il serait bon de se poser, puis de creuser. Car elles montrent à quel point nous sommes loin du strict déterminisme, mécaniste et réductionniste, qui veut que le « gène code pour une protéine » comme le fleuve va à la mer... Dans le cas de ce tabac, le fleuve remonterait plutôt vers sa source, là-haut dans les montagnes !

Voilà des concepts totalement nouveaux, inimaginables il y a seulement cinq ans. D'où cette simple question une fois encore réitérée : pourquoi aller si vite alors qu'on en sait encore si peu ?

Les choses se compliquent derechef lorsqu'on jette un regard curieux hors des frontières du génie génétique. C'est ce qui se produit, par exemple, avec les travaux de deux chercheurs indépendants : un informaticien, Jean-Claude Pérez, et un physicien, Joël Sternheimer. Par des voies de recherche différentes et sans communiquer entre eux à l'époque, ils ont l'un et l'autre, dans des travaux récents, montré qu'il existerait un « ordre », une « harmonie » dans la disposition des bases de l'ADN.

Selon Jean-Claude Pérez[1], cet ordre correspondrait à la fameuse série mathématique de Fibonacci où chaque chiffre est la somme des deux précédents (1, 2, 3, 5, 8, 13...). Le rapport existant entre deux chiffres successifs de cette série tend vers le non moins fameux Nombre d'or, en grande vénération dans l'Antiquité. Nombre d'or que notre auteur, à la suite de quelques autres, retrouve dans l'agencement de nombreuses structures et architectures de la nature comme la coquille du nautile, la disposition des petits fruits secs du tournesol ou de la marguerite sur le capitule, la distribution des bractées brunes et raides formant les pommes de pin, l'imbrication des feuilles sur un tronc de palmier, etc. Toujours selon cet auteur, la distribution des bases sur les nucléotides de l'ADN ne s'effectuerait pas au hasard, comme le postule la biologie moléculaire, mais selon un ordre, plus probabiliste certes que déterministe, reposant sur ce fameux Nombre d'or. Ce que J.-C. Pérez, brillant informaticien, démontre à l'aide de force calculs.

Il existerait donc une sorte de « supracode de l'ADN[2] » que les manipulations génétiques

1. Jean-Claude Pérez, *Planète transgénique*, Éd. L'Espace Bleu, 1997.

2. Jean-Claude Pérez, *L'ADN décrypté. La découverte et les preuves du langage caché de l'ADN*, Éd. Marco Pietteur, coll. « Résurgence », Embourg, Belgique, 1997.

bousculeraient en créant du désordre là où régnait préalablement un « ordre », une « harmonie ». L'introduction d'un transgène créerait du coup un déséquilibre dont les conséquences pourraient être à terme – toujours selon cet auteur – incalculables et désastreuses. Car les génomes manipulés risqueraient d'entrer dans une phase de grande instabilité caractérisée par de nombreuses mutations, sources potentielles, à ses yeux, d'effets pathogènes inattendus.

Joël Sternheimer[1] insiste de son côté sur le fait que la matière vivante, comme la matière tout court, est certes faite de corpuscules, mais aussi d'ondes, de vibrations – réalité qui fonde la physique quantique mais que semble s'entêter à ignorer totalement la biologie moléculaire. À partir de là, il construit avec une rigueur mathématique indiscutable, confirmée par l'académicien français André Lichnerowicz, une théorie extraordinairement séduisante où ces ondes correspondent entre elles et peuvent se traduire par des harmonies musicales. Théorie qu'il vérifie dans la pratique en faisant « entendre » aux plantes des partitions – car il est aussi musicien – qu'il compose en correspondance avec les flux vibratoires spécifiques de telle ou telle protéine responsable de

1. Joël Sternheimer, Brevet international sur le *Procédé de régulation épigénétique de la synthèse protéique*, 1992.

telle ou telle fonction biologique dans la plante. Le gène déterminant cette fonction est alors stimulé, et les résultats sont surprenants : la taille des tomates ainsi exposées aux harmonies correspondant à la tomatine s'en trouve par exemple fortement augmentée. Il en va de même du pain qui monte d'autant plus vite que le gène codant pour l'alcool déshydrogénase est stimulé et entraîne donc le dégagement de fortes quantités de gaz carbonique dans la pâte. Il s'agit là d'une stimulation des gènes par des ondes musicales, et plus du tout de manipulation génétique. Plus question de transgène ! Peut-être suffira-t-il un jour d'exposer pendant un temps très court – une ou deux minutes au maximum – une plante à des harmonies musicales appropriées pour qu'elle réponde par un accroissement de sa taille ou l'amélioration de tel ou tel caractère choisi. Cette théorie extrêmement séduisante se fonde en tout cas sur une expérimentation rigoureuse aux résultats probants et même stupéfiants[1].

Convaincus de l'existence d'un tel ordre, d'harmonies inhérentes au génome, Jean-Claude Pérez et Joël Sternheimer mettent en garde les généticiens contre les risques de leurs manipulations qui reviennent à casser ces rythmes, ces résonances, ces harmonies. D'où

1. On trouvera les travaux de Joël Sternheimer sur le site HTTB//www.bekkoame.Or.JP/dr.Fuk.

l'apparition de zones de fragilité dans les génomes ainsi modifiés, devenus peut-être plus sensibles aux mutations, et qui pourraient entraîner des ruptures dans les chaînes de nucléotides et l'isolement de fragments de génome devenus dès lors incontrôlables.

Lorsqu'on sait la simplicité de la structure d'un virus, on ne peut que la comparer à de tels fragments, même si le virus possède une capside qui englobe son ruban d'ADN. La conclusion s'impose d'elle-même : ne risque-t-on pas ainsi de générer de nouveaux virus, de nouveaux pathogènes ? Nous entrons à nouveau dans le domaine des risques imprévisibles, mais impossibles à évacuer *a priori*, l'imprévisibilité étant une des caractéristiques du génie génétique conçu dans une perspective non réductionniste.

Les travaux que nous venons d'évoquer n'ont pas encore été intégrés aux acquis de la biologie moléculaire, leurs auteurs n'appartenant pas à la discipline ou se situant à ses marges. Ils méritent néanmoins d'être pris en considération dans la mesure où ils ne font que renforcer la crainte de risques difficilement prévisibles en l'actuel état d'avancement du génie génétique, discipline jeune de moins d'un demi-siècle et qui doit encore faire ses preuves. On souhaiterait qu'elle les fasse en toute sécurité pour l'environnement et la santé humaine. Et qu'elle prenne en compte toute l'information disponible, même lorsque celle-ci vient d'au-delà des frontières de la discipline, quitte à la soumettre bien sûr à un sévère examen critique.

Ainsi demandera-t-on à Jean-Claude Pérez d'approfondir encore ses observations en analysant le plus grand nombre possible d'échantillons de fragments de génome végétal. Car celui-ci, on l'a dit, est encore fort mal connu et l'incidence de l'intromission d'un transgène doit faire l'objet d'études de simulation aussi poussées que possible. À Joël Sternheimer, on objectera avec humour que la musique dans les champs créerait sans doute de nouvelles nuisances ; ce à quoi il répliquera avec pertinence qu'en dehors du vendredi saint, les cloches en font autant ! Enfin, à l'un et à l'autre, on objectera que les transposons, les fameux gènes « sauteurs », migrent bien sur les génomes ; en modifient-ils pour autant l'harmonie ? Le font-ils selon un ordre encore plus mystérieux, pour l'instant parfaitement inconnu ?

Le débat, on le voit, reste ouvert. Il montre à quel point le dossier scientifique des plantes transgéniques l'est aussi, et comme il serait grave de le refermer prématurément.

LE DOSSIER SOCIO-ÉCONOMIQUE

CHAPITRE XI

Le champ d'application de la transgenèse végétale

Le champ d'application de la transgenèse végétale semble ne point devoir connaître de bornes. Son étendue croît à l'aune des résultats impressionnants d'une science en plein essor, où l'ingéniosité des chercheurs le dispute aux audaces d'un imaginaire sans peur ni reproche. De ce point de vue, le génie génétique peut se targuer de n'avoir pas de frontières, et prétendre demain étendre son empire à l'ensemble de la nature et à la vie humaine, en faisant bénéficier notre alimentation et notre santé de ses innombrables bienfaits...

Mais est-ce si sûr ? Aucun résultat décisif ne permet pour l'instant d'étayer ces hypothèses triomphalistes. Seul l'avenir permettra d'en juger.

Les transgènes mis en œuvre proviennent le plus souvent de micro-organismes, mais aussi de végétaux, d'animaux, voire de l'homme lui-même. Certaines plantes semblent avoir une vocation particulière à se laisser « manipuler ». Ainsi le colza, marqué d'un gène de sangsue qui lui fait produire un anticoagulant du plus haut intérêt thérapeutique : l'hirudine. Une autre manipulation sur le même végétal conduit à le faire secréter un enzyme efficace dans la lutte contre une grave maladie héréditaire : la mucoviscidose. Et, toujours greffé sur le colza, on l'a vu, un gène bactérien lui confère une tolérance au glufosinate, l'herbicide « Liberty ».

À l'instar du colza, le tabac a été lui aussi choisi pour devenir le siège de diverses manipulations génétiques conduisant à la production de nombreuses molécules thérapeutiques dont des immunoglobulines, de l'hémoglobine et même des anticorps susceptibles d'enrayer les caries dentaires[1] ! Quant à la pomme de terre, on a réussi à la gratifier d'un gène humain qui lui permet de synthétiser des protéines protégeant les cellules

---

1. Les médias ont sorti cette « découverte » positive et forcément populaire à peu de semaines d'importants débats en Europe sur le transgénisme. Faut-il y voir une simple coïncidence ou une marque de l'efficacité des services de communication des laboratoires et industries concernés ?

pancréatiques de Langerhans, productrices d'insuline. Dans tous les cas, la plante modifiée agit comme un bioréacteur : elle permet l'élaboration de protéines que la nature produit normalement par d'autres voies – ainsi les hémoglobines du sang, par exemple – mais avec des rendements ou des critères de qualité améliorés.

Toutefois, les modifications les plus fréquentes concernent la mise sur le marché de plantes tolérantes aux herbicides, comme le soja ou le colza, ou élaborant leur propre insecticide, comme le maïs ou le coton : c'est autour d'elles, en fait, que se cristallise le débat sur les plantes transgéniques.

Un autre cas de figure consiste à améliorer la qualité ou les performances des plantes de culture à usage alimentaire ou ornemental : pomme de terre absorbant moins de graisse et générant de ce fait des frites ou des chips plus acceptables dans les fast-foods ; tomates à pourrissement retardé, se conservant mieux durant le transport et arrivant donc en meilleur état sur les étals sans apporter pour autant quelque avantage que ce soit aux consommateurs ; même stratégie pour les melons au pourrissement ralenti, à l'étude à l'INRA de Toulouse : ils auraient en outre un goût plus sucré du fait de leur récolte plus tardive. On ne voit pas, en revanche, l'intérêt des fraises grosses comme des poires, actuellement à l'étude en Grande-Bretagne. Ni de la mythique rose bleue, déjà évoquée, associant à une rose blanche un gène de pétunia : elle tarde toujours à émerger des laboratoires australiens Florigène, lesquels lui ont pourtant déjà consacré quinze années de recherches ! Plus mythique encore, si faire se peut, la tulipe noire ne semble pas pour l'instant faire bouillonner l'imagination des chercheurs...

De nombreuses recherches se développent aussi en vue de réduire ou d'éliminer un jour l'utilisation des engrais chimiques. De par leurs objectifs, sinon du fait d'une éthique commune, les tenants des cultures transgéniques convergeraient alors avec ceux de l'agriculture biologique. On sait que les légumineuses ont la propriété de fixer l'azote de l'air et de le transformer en azote minéral, puis organique, au niveau des nodules présents sur leurs racines. Tel est d'ailleurs le point de départ du cycle de l'azote dans les processus vitaux. Mais, hormis quelques autres groupes très spécifiques, comme les aulnes, les plantes qui n'appartiennent pas à cette famille sont incapables de réussir la fixation et la transformation de l'azote. D'où l'idée de les manipuler par intégration de gènes qui rendent possible cette métabolisation organique de l'azote de l'air : un projet qui figurait déjà dans les réflexions des précurseurs du génie génétique à Asilomar, mais qui reste aujourd'hui parfaitement hors de portée. Pour atteindre ce but, il faudrait en effet introduire dans le patrimoine héréditaire des plantes une bonne vingtaine de gènes. Pour l'heure, et sans doute pour longtemps encore, cet exploit est impossible. Pas question, par conséquent, d'espérer remplacer les engrais chimiques par des plantes – des céréales, notamment – qui seraient aptes à transformer directement l'azote de l'air.

Ce correctif est capital : il affaiblit singulièrement l'argumentaire traditionnel des partisans du génie génétique selon lesquels celui-ci pourrait réduire drastiquement la consommation d'engrais et augmenterait d'autant la productivité végétale.

Car l'argument massue avancé sans relâche par les producteurs de plantes transgéniques est l'augmentation de cette productivité, débouchant sur une nouvelle approche du problème du sous-développement et de la faim dans le monde. On expose que la population du globe oscillera d'ici deux ou trois décennies autour de 8 à 10 milliards d'habitants, qu'il faudra nourrir. Selon les responsables des grandes multinationales de l'agroalimentaire, les plantes transgéniques créeraient le miracle permettant de relever un tel défi. Cette argumentation a été reprise le 8 juillet 1997 par le secrétaire d'État américain à l'Agriculture,

Dan Glickman, qui déclarait à propos des réticences européennes à la mise en culture des plantes transgéniques : « Si nous traitons cette question uniquement sous l'angle commercial, nous aurons beaucoup de mal à faire changer d'avis les leaders du Parlement européen [...] qui n'ont pas les mêmes conceptions que nous et qui n'ont pas une vision d'ensemble du tableau *(sic !)* [...]. Si nous considérons la question en termes de faim dans le monde, de durabilité et de protection des sols, je crois que c'est une approche qui peut nous permettre de l'emporter ! » Et *Le Courrier de l'environnement* de l'INRA[1], qui rapporte ces propos, de conclure avec pertinence : « Il reste néanmoins quelques questions de recherche à mettre sur le métier pour fonder pareille nouvelle argumentation tant sur le plan biologique et écologique que sur celui des pratiques agricoles, etc. On aurait pu souhaiter qu'il [le ministre] annonce simultanément un programme d'évaluation musclé et large... » Malheureusement, il n'en a rien été et les États-Unis entendent bien, en ce domaine comme en d'autres, se borner à faire prévaloir leur hégémonie mondiale.

Il n'empêche : la lutte contre la faim dans le monde reste l'argument clé avancé çà et là en

1. *Le Courrier de l'environnement,* n° 31, août 1997.

faveur des plantes transgéniques. Miracle ou mirage ?

D'abord, il n'est pas sûr que la population du globe va continuer de croître au rythme de ces dernières décennies. Des chiffres récents indiquent en effet un tassement du taux de fertilité dans de nombreux pays. Joint à l'extension des pratiques de limitation des naissances et à la forte remontée des maladies bactériennes et parasitaires, il annonce peut-être une atténuation de l'expansion démographique. En ce domaine, raisonner perpétuellement sur des extrapolations et répéter ce que tout le monde rabâche sans prendre soin de vérifier ses sources, est bien imprudent. Ensuite, il est faux de prétendre que les plantes transgéniques représentent l'avenir de l'agriculture mondiale, plus spécialement des pays en voie de développement, et il est malhonnête d'asséner à satiété cet argument de vente pour les imposer... aux pays du Nord ! Comment, en effet, dans les pays du Sud, des agriculteurs aux ressources misérables pourraient-ils acquérir les semences transgéniques en même temps que le pesticide qui leur correspond ? Cette forme de dépendance de l'agriculture vis-à-vis des multinationales est en réalité totalement exclue pour les paysans du tiers-monde, qui n'ont évidemment pas les moyens de faire leur une telle orientation. Mais elle est tout aussi exclue pour nombre d'agriculteurs des pays développés qui refusent, eux, de se retrouver pieds et poings liés face aux quelques firmes qui exerceront demain le monopole mondial de la vente des semences, comme elles se sont déjà arrogé celui de la commercialisation des pesticides.

La vérité, me semble-t-il, est tout autre. Les plantes transgéniques risquent au contraire de mettre en péril la production agricole des pays du Sud. L'obtention de l'arôme de vanille par voie transgénique, par exemple, ne risque-t-elle pas de ruiner les petits producteurs des îles de l'océan Indien ? Et qui sait s'il n'en sera pas de même pour bon nombre de produits agricoles du tiers-monde, le désordre économique allant tout naturellement de pair avec le désordre écologique ? Car les producteurs américains qui convoitent les marchés des pays en voie de développement redoutent, comme le notait Carrol Bolen, vice-président de Pionneer Hi-Breed, que de nombreux pays du tiers-monde « qui constituent de bons marchés » n'en viennent à s'aligner sur le système de probation en vigueur en Europe et ne traînent donc les pieds avant d'entrer dans l'ère du transgénisme, si toutefois ils ne lui tournent pas résolument le dos. Des réticences qui, selon lui, devront être levées à la hussarde !

CHAPITRE XII

Les « OGM » et l'opinion publique

Jusqu'ici, agriculteurs, distributeurs, responsables des pays en voie de développement n'ont guère eu à débattre ni à se prononcer sur les plantes et aliments transgéniques. Pas davantage les consommateurs ou les opinions publiques. Or celles-ci divergent d'un continent à l'autre : les attitudes hostiles, qui sont de l'ordre d'une sur trois aux États-Unis, dépassent les deux tiers dans bon nombre de pays européens. Les Américains, il est vrai, n'ont pas eu à subir la crise de la « vache folle ». De surcroît, ils évaluent différemment le risque, car, dans ce type de société ultralibérale, la prévention est ignorée et les sanctions ne viennent qu'*a posteriori*, en cas d'accidents. On note de surcroît que les procédures d'autorisation sont plus souples outre-Atlantique où l'opinion a moins déchanté qu'en Europe par rapport à la mythologie du progrès.

En France, les autorisations sont accordées sur proposition de la Commission du génie biomoléculaire (CGB) qui examine chaque dossier de mise en culture à titre expérimental ou de mise sur le marché. Un suivi biologique est en outre demandé ; c'est le cas actuellement pour la seule plante transgénique cultivée en Europe : le maïs Novartis. À la « pharmacovigilance », de règle en matière de médicaments, vient s'ajouter désormais une « biovigilance », c'est-à-dire un suivi du devenir des plantes transgéniques mises en culture. À cet effet, un Comité de biovigilance vient d'être créé et financé par l'État. C'est ainsi ce dernier qui endosse le « coût » du progrès, exonérant les entreprises du devoir de suivre et assumer le devenir de leurs propres produits.

Une enquête d'opinion dite « Euro-baromètre 96[1] », réalisée dans les quinze pays de l'Union européenne, a mis en évidence d'importantes divergences entre les préoccupations des autorités traditionnellement attentives aux questions de risque et de sûreté, et celles du public, surtout intéressé à l'« acceptabilité morale » de ces produits. Ce sondage a porté sur 16 000 personnes – soit un peu plus d'un millier par pays – et débouche sur deux types de conclusions : de 60 à 80 % des consomma-

1. « L'accueil mitigé de la société », *Biofutur*, n° 172, novembre 1997.

teurs européens expriment de fortes réticences ou une franche hostilité aux aliments transgéniques (ce chiffre est plus élevé dans les pays d'Europe du Nord, selon une ligne de clivage classique exprimant la plus forte sensibilité écologique de l'Europe germanique et scandinave) ; on note en revanche que les applications médicales de la transgenèse – tests génétiques, maladies génétiques, vaccins – sont en général mieux acceptées. Mais une opposition quasi générale se manifeste à l'encontre de la transgenèse animale, en particulier vis-à-vis des expériences pratiquées sur les animaux en vue d'utiliser leurs organes à titre de greffons (xénogreffes). En ce qui concerne les plantes génétiquement modifiées, les tolérances aux herbicides du type de celles du colza ou du soja, ou aux insectes prédateurs du type de celle du maïs, paraissent moralement plus acceptables que les manipulations visant à modifier la saveur ou la qualité alimentaire, qui sont très largement refusées. Plus grave, un Européen seulement sur quatre fait confiance à la réglementation actuelle de Bruxelles ou de son propre pays pour protéger la population. L'hostilité la plus radicale est constatée en Autriche et au Luxembourg, deux pays économiquement prospères, très orientés vers l'agriculture biologique. L'Allemagne, l'Italie, la Suède et le Danemark manifestent eux aussi de fortes réticences. Celles-ci irritent ou inquiètent les grands de l'agroalimentaire : ainsi Nestlé, multinationale pro « OGM », aurait menacé l'Autriche de fermer des sites de production situés sur son territoire si Vienne n'adoptait pas une position plus conciliante en ce domaine... Classique chantage à l'emploi.

Une autre enquête d'opinion, menée par l'Institut Mori de Londres[1] moins de deux semaines après l'autorisation donnée par Bruxelles à la commercialisation du maïs transgénique, montrait que 59 % des Européens (66 % des Français) sont opposés au développement et à l'introduction d'aliments issus du génie génétique ; seuls 22 % des Européens y sont favorables. La Suède et l'Allemagne sont franchement hostiles, avec 74 % d'opinions négatives. Une étude complémentaire menée en Allemagne[2] par l'Institut GfK a donné des résultats comparables : 74 % contre, seulement 8 % pour. Enfin, seuls 7 % des Européens « apprécieraient personnellement » de manger ce type d'aliments. Ceux qui « n'apprécieraient pas » sont 78 % en Suède, 76 % en France, 66 % en Italie, au Danemark et aux Pays-Bas, et 53 % en Grande-Bretagne.

Dans une enquête d'opinion parue le 28 février 1998 dans le cadre du Salon de l'agriculture, 69 % des Français se disent à nouveau

1. In *Les Marchés* du 13 janvier 1997.
2. *Ibid.*

hostiles aux plantes transgéniques. Ce chiffre recoupe celui de 71 %, rapporté par un sondage Louis Harris du 2 avril de la même année. Il apparaît aussi que le groupe des « sans opinion » ne dépasse pas 2 %, ce qui révèle des avis très tranchés. 27 % des personnes interrogées se déclarent en revanche prêtes à consommer des « OGM ». Une analyse plus fine révèle que les femmes sont plus hostiles que les hommes (74,5 % contre 67,7 %), manifestant par là une plus grande sensibilité écologique, qui est d'ailleurs perceptible dans tous les sondages. Les jeunes de 18 à 24 ans sont tout aussi réticents que leurs aînés (71 % refusent de manger de ces aliments) : pas question donc d'invoquer ici chez eux une plus grande ouverture au progrès.

Tous les sondages convergent, montrant que l'hostilité et la résistance ne faiblissent pas. Elles tendraient plutôt à augmenter au fur et à mesure que la « menace » se précise. Bien entendu, aux yeux des partisans des plantes transgéniques, ces réticences ou ces oppositions massives passent pour « irrationnelles ». Elles seraient liées à l'ignorance et devraient reculer grâce à de vigoureuses campagnes de communication. C'est ce qu'exprime clairement et en peu de mots Dominique Ducroquet, président de la Confédération des betteraviers[1], qui exhorte Philippe Vasseur, ministre de l'Agri-

1. Communiqué AFP du 11 décembre 1996.

culture de l'époque, à ses yeux trop timoré, à « éradiquer la peur » : « On ne peut arrêter le progrès, conclut-il, mais il faut l'expliquer. » La « peur du progrès » qui céderait à une vigoureuse campagne d'explication : on retrouve ici la problématique classique des défenseurs du nucléaire qui, en dépit d'une publicité musclée et de campagnes de communication à répétition, n'a toujours pas réussi à se rallier les faveurs de l'opinion. Aussi paraît-il plus sage et efficace d'organiser des débats publics comme ont l'habitude de le faire les démocraties du nord de l'Europe et comme le Premier ministre Lionel Jospin s'est d'ailleurs engagé à le faire lorsqu'il a autorisé, en novembre 1997, la culture du maïs transgénique. On aura simplement dû déplorer que l'autorisation, autrement dit la conclusion du débat, soit intervenue avant le débat lui-même...

CHAPITRE XIII

Étiquetage, transparence, traçabilité...

S'il existe – tout au moins en France – un thème qui semble faire l'unanimité, c'est bien l'exigence d'un étiquetage permettant une claire identification des aliments transgéniques. Tous les responsables politiques se sont prononcés en ce sens. Reste à en arrêter les modalités. À l'issue d'un débat interne avec le Parlement européen qui a duré plus d'un an, la Commission de Bruxelles, par deux décisions, l'une du 27 janvier 1997, l'autre du 19 septembre de la même année, a proposé trois modalités d'étiquetage : si l'on sait que le produit contient des « OGM » ou en est issu, cela doit figurer sur l'étiquette ; il en va de même si le produit est *susceptible* de contenir des « OGM » ; enfin, les producteurs d'aliments certifiés « sans OGM » pourront, s'ils le souhaitent, porter cette mention sur leurs produits.

L'étiquetage « susceptible de contenir des OGM » peut paraître surprenant ; deux raisons l'expliquent.

La première est la position du gouvernement américain qui s'obstine à refuser tout étiquetage spécifique des produits génétiquement modifiés ; Washington exerce d'ailleurs de fortes pressions sur Bruxelles pour qu'il en aille de même de ce côté-ci de l'Atlantique. Ainsi le soja ou le maïs d'origine américaine commercialisés en Europe depuis 1996 contiennent d'ores et déjà des graines génétiquement modifiées mélangées à d'autres qui ne le sont pas. La seule certitude, en l'occurrence, est d'ordre statistique : 75 % de notre soja vient d'Amérique où environ 20 % de la production est, à ce jour, transgénique. Mais la distinction entre l'une et l'autre variété ne peut être effectuée que dans le cadre de laboratoires en cours d'homologation par les pouvoirs publics, et à partir d'informations émanant du producteur sur le transgène. La mise en place de circuits de contrôle indépendants des pouvoirs publics reste problématique ; eux seuls, en effet, disposent des informations relatives au transgène greffé, nécessaires à la réalisation des analyses. Or ces informations ne sont pas nécessairement publiées dans la littérature accessible, et l'industriel peut, de son côté, refuser de la communiquer à un laboratoire non homologué. De surcroît, la mise en place du dispositif de contrôle est tout juste en cours alors que maïs et soja affluent dans les ports européens depuis bientôt deux ans.

Une seconde raison rend compte des difficultés de l'étiquetage : elle tient au problème de la traçabilité des produits. Certains produits issus de plantes génétiquement modifiées ne sont pas censés contenir de cellules à génome modifié ; c'est le cas, par exemple, des lécithines de soja ou de l'amidon de maïs utilisés dans de nombreux aliments. Or, une enquête menée par la revue *60 Millions de consommateurs*[1] vient de révéler que sur quarante-cinq produits de consommation courante en France, neuf contenaient des « OGM ». Aucun n'est étiqueté positivement ou négativement pour indiquer qu'il contient ou ne contient pas d'ingrédients issus de plantes transgéniques. Parmi les produits contenant des « OGM » figurent notamment quatre marques de chips, des biscuits et des barres de céréales à base de soja. Ces cas ne peuvent que se multiplier quand on sait qu'Emma Bonino, commissaire européenne chargée de la politique à l'égard des consommateurs, estime que *deux tiers* des produits alimentaires transformés contiennent des ingrédients issus du soja, et un tiers des

1. *60 Millions de consommateurs*, n° 316, avril 1998.

dérivés du maïs. En revanche, toujours selon l'enquête mentionnée, sur huit produits portant le label « Agriculture biologique », aucun ne contenait d'organismes génétiquement modifiés.

Au printemps de 1998, encore aucune étiquette nulle part ! Cette situation est vigoureusement dénoncée par les consommateurs, qui la jugent inacceptable. Car ne pas étiqueter, c'est ne pas tenir compte des exigences de l'acheteur et interdire de surcroît toute traçabilité, se privant ainsi, en cas d'accident, de la possibilité de remonter au produit d'origine pour le retirer du marché, lui et tous ses dérivés. Ce problème de la traçabilité, autrement dit de l'exigence de transparence tout au long de la filière d'utilisation d'organismes génétiquement modifiés, fait l'objet de vives discussions et montre, s'il en était besoin, combien la situation est complexe. Cette traçabilité des produits exige l'établissement de certificats d'origine, comme cela a été le cas pour les bovins à la suite de l'affaire de la « vache folle ». De même, par suite des risques d'accumulation des pesticides tout au long de la chaîne alimentaire, la surveillance de leurs taux de concentration dans la viande animale va se révéler d'autant plus indispensable que ces pesticides seront de plus en plus utilisés « au besoin », ce qui implique le risque d'épandages excessifs.

Toutes ces précautions, tous ces contrôles doivent être mis en place en catastrophe. On voit combien il eût été plus sage de différer certaines mises sur le marché jusqu'à ce que ces problèmes d'étiquetage, de traçabilité, de suivi aient pu être maîtrisés ! Mais le formidable *dumping* imposé par les multinationales n'a pas permis qu'il en soit ainsi. D'où l'indignation des associations de consommateurs, qui rejoint d'ailleurs celle des responsables de la grande distribution, échaudés par le scandale de la « vache folle » et devenus très exigeants sur la qualité des produits alimentaires et sur l'étiquetage des « OGM ».

On risque en effet d'aboutir à un singulier paradoxe. Comme le note Chantal Jaquet[1], directrice des Produits alimentaires frais et de marque chez Carrefour, le consommateur doit avoir le choix. À cette fin, cette chaîne de « grandes surfaces » met d'ores et déjà en place des filières exemptes d'« OGM », allant des champs aux magasins. Encore faut-il que cela soit possible : comment éviter, par exemple, que le maïs transgénique n'infeste le maïs naturel ? Et encore faut-il que ces produits épargnés ne finissent pas par revenir plus cher aux consommateurs, ce qui équivaudrait à les pénaliser injustement du fait du développement des « OGM ». Mêmes inquiétudes, mêmes orien-

1. *Le Monde*, 28 février 1998.

tations, mêmes légitimes exigences chez Casino, chez Promodes, chez Michel-Édouard Leclerc. Quant aux « majors » de l'agroalimentaire, elles constatent que leur position devient de plus en plus difficilement tenable. Étiqueter, c'est prendre en effet le risque de mettre en fuite le client. Ne pas le faire, c'est se placer en contravention avec les réglementations en vigueur. En Suisse, la marque Suchard a dû par exemple retirer du marché 450 tonnes de chocolat où des lécithines de soja contenant de l'ADN du transgène avaient été décelées.

Jusqu'à une période récente, on pouvait encore affirmer, comme la plupart l'ont fait, vivre sur des stocks de graines non transgéniques. Mais, au fil du temps, cet argument perd sa crédibilité avec l'arrivée massive sur le marché du soja, du colza et du maïs transgéniques. Il faut donc affronter et assumer cette situation nouvelle. Ainsi, les plats cuisinés Findus de chez Nestlé, géant suisse de l'agroalimentaire, semblent devoir être parmi les premiers à indiquer sur leur emballage : *Contient des protéines de soja génétiquement modifié.* Au moins cette puissante multinationale, franchement acquise au transgénisme, a-t-elle le mérite d'annoncer la couleur. Mais sans doute n'est-ce là que la (petite) partie émergée de l'iceberg, et n'est-on sans doute pas à la veille d'assister à un étiquetage généralisé.

Les consommateurs ne sont pas moins exigeants que les distributeurs. Pour Marie-José Nicoli, présidente de l'UFC-*Que choisir*, « les OGM n'ont jamais été une demande des consommateurs, davantage en attente de produits de qualité bien identifiés. L'industrie chimique américaine va faire d'énormes bénéfices et nous ne sommes même pas sûrs que ces produits seront moins chers. L'Europe a failli à sa mission de protection des consommateurs[1]. » En fait, tous redoutent que dans le flou actuel, les « grands » de l'agroalimentaire, pour noyer le poisson, n'en viennent à étiqueter quasi systématiquement : *Peut contenir des OGM.* Ce qui reviendrait à supprimer toute possibilité de choix et serait naturellement inacceptable.

En définitive, des opinions publiques aux distributeurs, des agriculteurs – eux aussi très partagés – aux consommateurs, c'est un véritable « front du refus » qui, en l'espace de deux ans, s'est constitué. D'un côté, quelques puissantes multinationales ; de l'autre, tous les autres ou à peu près. Est-il concevable que ce soient les premières qui dictent leur loi ? N'est-ce pas aux gouvernants, émanation démocratique des citoyens, de « faire la loi » ? Et que dire de Bruxelles, préposée aux destinées des peuples du Vieux Continent, livrée à la pression de lobbies tout-puissants ? Jamais, à

1. *Le Monde*, 28 février 1998.

l'aube du changement de millénaire, les choix de société n'ont été aussi clairs et les gouvernements aussi faibles face à des intérêts qui prétendent imposer aux populations des produits dont celles-ci ne veulent pas. Pourquoi ?

Les « organismes génétiquement modifiés » n'en sont, il est vrai, qu'au début de leur carrière ; leur apparition forcée sur les marchés plongent les dirigeants dans l'embarras. On n'en finirait pas de relever les paradoxes inhérents à une telle situation. Au Royaume-Uni, malgré une population réticente aux deux tiers, Safeway a mis sur le marché une purée de tomates transgéniques dûment étiquetée (il s'agit même du tout premier étiquetage relevé en Europe). Or, ce produit connaît un certain succès ; il est moins cher, il est vrai, dans la mesure où il fait l'objet d'une offre « promotionnelle ». À l'inverse, aux États-Unis où les deux tiers des habitants sont favorables aux « OGM », la tomate à maturation prolongée de Calgène, lancée en 1994, a été retirée du marché ; avec son « goût de fer », elle ne plaisait pas aux consommateurs !

Mais se pose encore un autre problème, d'ordre strictement moral, celui-ci : celui de la brevetabilité des « OGM », et, plus largement, des espèces vivantes. Dans quelles conditions est-on en droit de breveter un organisme vivant ? Là encore, les positions américaine et européenne divergent. De fortes pressions s'exercent outre-Atlantique en faveur de la brevetabilité de tout le vivant (sans même exclure pour l'instant l'« homme transgénique[1] »). Or, à la limite, cela reviendrait tôt ou tard à breveter l'ensemble des plantes existantes, y compris les plantes sauvages, c'est-à-dire la nature elle-même ! Une telle manière de voir conduirait à une appropriation capitaliste de la nature, ce qui va évidemment à l'encontre du principe traditionnel selon lequel aucune espèce vivante ne saurait être brevetable ni appropriable. Tel est heureusement aujourd'hui le point de vue de la plupart des membres de la communauté internationale.

En revanche, il existe dans les laboratoires des quantités de plantes ou d'animaux transgéniques ou clonés sur lesquels des brevets ont été pris. Ces brevets suscitent la convoitise des multinationales engagées dans ce secteur. Car si la brevetabilité de la nature fait problème, celle des « OGM », au contraire, n'en pose aucun. Et, de fait, tous sont protégés par des brevets. Ce qui, qu'on le veuille ou non, constitue bien une nouvelle forme, pernicieuse, de brevetage du vivant.

Rappelons de surcroît, pour mémoire, que les avancées du génie génétique ont, pour l'essentiel, été financées par des fonds publics. Et ce seraient des firmes privées qui se parta-

1. *Libération*, 31 mars 1998.

geraient les mirobolantes retombées de ces recherches ?

Pour attirer l'attention sur les excès et dérives des biotechnologies, deux chercheurs américains, Jeremy Rifkin et Stuart Newman, ont déposé le 18 décembre 1997 une demande de brevet couvrant trois techniques permettant de créer des « chimères humaines », c'est-à-dire des êtres mi-hommes, mi-animaux, du type homme-singe, homme-cochon ou homme-souris. Car ces techniques existent déjà bel et bien ! Ces deux auteurs sont bien connus pour leur hostilité aux biotechnologies. Par cette initiative, ils entendent « provoquer un débat public sur les limites éthiques à fixer aux manipulations de l'homme et à la privatisation du vivant » ; et, plus concrètement encore, « mettre la main sur ces brevets afin d'empêcher quiconque d'exploiter commercialement de telles monstruosités[1] ».

Car les apprentis sorciers, on le sait, sont déjà parmi nous...

1. *Libération*, 21 avril 1998, p. 25.

CHAPITRE XIV

Des enjeux financiers colossaux

La promotion extraordinairement rapide des plantes transgéniques cache en réalité des enjeux financiers colossaux. Une formidable course contre la montre est engagée entre les multinationales qui redoutent de rater leur rendez-vous avec cette nouvelle « révolution verte ». À la tête de ces nouveaux conquistadores, le géant américain Monsanto, l'un des premiers à avoir misé sur le génie génétique. Il vient de racheter le semencier Asgrow, ainsi que la moitié du capital de Calgène, l'inventeur de la tomate-qui-ne-pourrit-pas. De son côté, AgrEvo, filiale agrochimique des géants allemands Hoechst et Schering, a racheté 75 % de Plant Genetic System, un des leaders européens en matière de biotechnologies. Les géants suisses de la pharmacie ne demeurent pas en reste : Sandoz et Ciba-Ceigy ont créé la nouvelle société Novartis, qui vient d'obtenir l'autorisation de mise en culture de son maïs ; ces firmes ont déplacé une bonne partie de leur potentiel de recherche de Bâle vers les États-Unis, ce qui n'est pas sans susciter de vives inquiétudes en Suisse où l'on s'alarme de cette fuite de cerveaux. Mais, outre-Atlantique, les contacts sont plus faciles avec le millier de petites et moyennes entreprises spécialisées, détentrices des précieux brevets et particulièrement courtisées par les « géants ».

Les enjeux, on le voit, sont énormes. On cite chez DuPont un marché potentiel de 500 milliards de dollars. Chez Rhône-Poulenc, on est plus modeste : on avance un chiffre de 5 à 7 milliards en 2005 pour les plantes génétiquement protégées contre les herbicides, les insectes ou les virus[1]. Tous s'accordent en tout cas pour évaluer les chiffres d'affaires annuels en milliards de dollars. Pareille aubaine suscite bien des convoitises.

Ainsi, tandis que l'opinion publique s'interroge et renâcle, les géants de l'agroalimentaire, eux, se sont déjà largement reconvertis dans le génie génétique. Récemment, Rhône-Poulenc faisait connaître le réinvestissement d'une part importante de ses activités dans les « sciences de la vie » – lire : les biotechnologies – et s'assurait, pour ce faire, la collaboration du professeur Axel Kahn.

1. In « Enjeux », *Les Échos*, n° 134, mars 1998.

De telles reconversions sont partout en cours. La grande industrie pharmaceutique mondiale, brusquement séduite par le génie génétique appliqué à l'alimentation, n'y échappe pas. Sans doute parce qu'on s'assure une clientèle bien plus large en vendant des aliments et en débordant de la sorte le marché plus étroit des médicaments. Les aliments sont en effet consommés chaque jour, pas les médicaments – du moins pas tous, ni par tout un chacun. Pourquoi ne pas s'approprier simultanément le marché des uns et des autres ?

Ici se fait jour l'un des dysfonctionnements majeurs de la « mondialisation de l'économie » : celle-ci laisse en réalité les pays pauvres et non solvables au bord du chemin, dans l'incapacité où elle se trouve de prendre en compte leurs vrais besoins. La grande industrie pharmaceutique n'échappe pas à cette tendance. Selon l'Organisation mondiale de la Santé, au moins trente nouvelles sources de maladies infectieuses sont apparues en l'espace de vingt ans, dont le virus du sida, le virus Ebola, celui de l'hépatite C. D'autres maladies, telles que le choléra, la diphtérie, le paludisme, la lèpre, la tuberculose, font un retour massif à l'échelle planétaire. À eux seuls, le paludisme et la tuberculose font encore de 6 à 7 millions de morts par an, soit beaucoup plus qu'il y a deux décennies, et beaucoup plus que le sida... Sans compter la montée des résistances aux antibiotiques qui rend les thérapeutiques par cette voie plus incertaines. Alors qu'on estimait que ces maladies étaient en voie d'éradication, les voici qui se développent de plus belle ! On sait d'autre part que, faute de moyens, plus de 70 % de la population mondiale n'a pas la possibilité de recourir aux médicaments modernes et doit s'en remettre aux tradipraticiens et à leurs médecines. La vérité est que, pour des raisons strictement économiques qui tiennent à la non-solvabilité des malades, la recherche se détourne de ces maladies ou y investit peu, préférant produire des aliments que personne n'a jamais réclamés mais qui représentent des marchés potentiels autrement plus importants.

Insoutenable paradoxe qui met en lumière certaines perversions inhérentes au capitalisme lorsque sa logique est poussée à bout : ici, des milliards d'individus laissés sans soins ; là, des milliards de dollars investis dans les « OGM ». Selon des estimations concordantes, les biotechnologies, toutes catégories confondues, devraient générer 33 milliards de francs d'activités nouvelles dans le monde d'ici l'an 2005. Or, comme le souligne Gilles-Éric Séralini, ces activités viseront pour l'essentiel à nourrir le bétail des pays riches, à défaut de remplir le ventre des enfants des pays pauvres. Ici, une alimentation trop carnée ; là-bas, toutes sortes de carences...

Ce qui n'empêche pas ces multinationales d'affirmer sans relâche leur souci de voir accéder au marché les consommateurs des pays en voie de développement dont elles critiquent ouvertement les pratiques d'autosubsistance. Si l'on se fie au credo de Hoechst et de Monsanto, publié dans le *Financial Times* du 11 septembre 1997, « de raids financiers en prises de contrôle et de fusion en fusion, le secteur des biotechnologies sera d'ici très peu de temps dans les mains de trois ou quatre multinationales... » Que vaudra alors la voix du paysan isolé prétendant, contre les évidences du marché, vouloir utiliser ses propres semences et tenir tête à ces géants qui auront mis sous leur coupe l'agriculture du monde entier ? Ainsi viendrait à son terme une évolution qui n'aura cessé de se poursuivre depuis la fin de la Seconde Guerre mondiale : l'industrialisation de l'agriculture, avec la réduction concomitante du nombre des agriculteurs et leur dépendance accrue, pour leur matériel, leurs semences, leurs engrais, leurs pesticides, vis-à-vis de quelques grandes firmes spécialisées. Redoutable OPA[1], en vérité !

Certes, cette évolution a d'abord porté ses fruits : un agriculteur nourrissait 7 personnes en 1960, mais en nourrissait 30 en 1990, cependant que le budget des ménages consacré à l'alimentation diminuait de plus de moitié. Mais cette tendance lourde, encouragée par la

1. Offre publique d'achat.

politique agricole commune (PAC), semble avoir épuisé ses bienfaits, car toute médaille a son revers : dégradation et usure des sols, nature non entretenue ou laissée à l'abandon par le déclin des pratiques traditionnelles, pollution des eaux de surface, des nappes souterraines et des aliments par une chimie omniprésente, appauvrissement de la biodiversité, sévère endettement des agriculteurs, lourde hémorragie d'emplois... Est-il raisonnable, dans ces conditions, d'industrialiser davantage encore l'agriculture ? Le nombre d'agriculteurs devrait-il continuer de diminuer, avec tous les préjudices qui en résulteraient pour l'entretien des milieux naturels et des paysages ?

Que sera l'ère du transgénisme : celle de la domination à outrance de la nature, à l'encontre des sensibilités écologiques aujourd'hui pourtant si fortes dans l'opinion ?

CHAPITRE XV

Quelle agriculture pour demain ?

La montée en puissance de l'agriculture et de l'alimentation transgéniques semble offrir une alternative à l'agriculture conventionnelle : la généralisation de la transgenèse permettrait de limiter les apports de pesticides et, demain, peut-être d'engrais, caractéristiques de l'agriculture chimique. La solution du « tout-transgénique » se substituerait alors à celle du « tout-chimique ». On s'acheminerait ainsi vers une « agriculture durable », si souvent évoquée, mais si mal définie et si peu pratiquée. Reste à savoir si le passage au « tout-transgénique » résoudra effectivement plus de problèmes qu'il n'en génère. Pour l'heure, ce serait plutôt le contraire...

Car des risques existent, même s'il est difficile de les évaluer avec précision dès lors que, faute de recul, on les connaît encore à peine. Va-t-on perturber davantage encore l'équilibre écologique ? Faut-il redouter des effets nuisibles à la santé en aggravant par exemple les résistances aux antibiotiques ou en développant des effets toxiques imprévus ? Va-t-on générer de nouveaux agents pathogènes ?

Il y a vingt ans, à l'époque de la montée en puissance du nucléaire, il était somme toute assez facile d'évaluer les risques correspondants. Toutes les craintes naguère évoquées se sont d'ailleurs confirmées. Un réacteur nucléaire ne risquait-il pas d'exploser ? Certes non ! prétendait-on. Et pourtant, nous avons eu Tchernobyl, le plus grave accident technologique de l'Histoire, dont les morts différées par cancer se compteront sans doute par dizaines de milliers. Ne risquait-on pas une dissémination du plutonium et des matières fissiles ? La mafia des matières radioactives, qui sévit en Russie et en d'autres pays, a, hélas, déjà répondu à cette question. Ne risquait-on pas de fuites, d'accidents ponctuels ? Il ne se passe pas de jour sans que la presse, de par le monde, fasse état d'alarmes à ce sujet. Sans compter l'état d'abandon de l'armement nucléaire russe sur les terres de l'Extrême-Nord et dans les océans. Qu'allait-on faire, enfin, des déchets radioactifs ? Vingt ans après, ce problème n'est toujours pas réglé. Et qu'en sera-t-il du démantèlement des centrales nucléaires ? Comment s'y prendra-t-on ? Que fera-t-on des matériaux contaminés ? Nul ne peut le dire aujourd'hui, mais l'arrêt définitif du surgénérateur de Creys-Malville pose déjà le problème avec acuité...

Impossible, avec les plantes transgéniques, d'évaluer les risques avec autant de précision. Car le monde biologique est infiniment plus complexe que le monde physique, et la dissémination dans la nature des organismes génétiquement modifiés est un phénomène sans précédent, et surtout irréversible. Comme les matières fissiles, de tels organismes, jusqu'à ces toutes dernières années, ne sortaient jamais du confinement des laboratoires ou des ateliers. Comment évaluer au plus juste les risques générés par leur prolifération et leur dissémination ? Hormis les retombées économiques et financières escomptées, comment justifier l'intrusion massive du transgénisme dans la nature et dans notre alimentation, là où personne d'ailleurs ne le réclame ni ne l'attend, si ce n'est quelques groupes d'agriculteurs spécialisés – betteraviers ou maïsiculteurs – soumis à l'intense lobbying des marchands de semences ?

Il est bien entendu hors de question de prétendre encourager l'usage des engrais et des pesticides contre celui des plantes transgéniques. Le problème réel ne se pose d'ailleurs pas en ces termes. Les dégâts causés à l'environnement et à la santé par l'excès d'engrais ou de pesticides sont aujourd'hui bien connus. Les résidus de pesticides semblent à l'origine de nombreux cancers : le chiffre de 20 000 est avancé pour les seuls États-Unis ; un agriculteur sur cinq en serait menacé. Bref, tout indique qu'il est urgent d'avoir, en matière d'engrais et de pesticides, la main moins lourde.

Les plantes transgéniques autoriseront-elles ce type d'évolution ? Rien n'est moins sûr. Opposer le transgénisme à l'usage de pesticides est en effet un faux dilemme. Les plantes tolérantes aux herbicides, par exemple, n'empêcheront nullement l'épandage de ceux-ci, destiné à éliminer leurs concurrentes. Au contraire, elles risquent de surcroît de les absorber dans leurs tissus, entraînant naturellement de nouveaux risques. On est même en droit de redouter que les plantes tolérantes aux herbicides encouragent l'épandage d'herbicides « totaux », ceux-ci étant présentés un peu trop promptement comme inoffensifs. Si les agriculteurs, comme le leur conseillent les notices d'utilisation, développent ces épandages « au besoin », on risque de s'orienter à nouveau vers ces surcharges chimiques de l'environnement qu'il conviendrait en réalité de diminuer. Ce qui supposerait notamment de repenser la formation des techniciens agricoles, souvent mal renseignés. De même, dans le cas des plantes rendues résistantes aux insectes prédateurs par intégration de l'insecticide « Bt », est-on si sûr que cela de la parfaite innocuité de ce dernier ?

Non, la solution est ailleurs. Elle vise à reconstruire une agriculture plus proche de la nature, plus respectueuse des grands équilibres, et surtout plus autonome : cette fameuse agriculture biologique que la France eut, il y a près d'une vingtaine d'années, la sagesse de doter d'un cadre légal à l'initiative de notre amie Dominique Florian. C'est aussi Paris qui fut à l'origine d'une directive européenne destinée à la réglementer. Depuis lors, l'agriculture biologique se développe, mais trop lentement, au sein de l'hexagone, plus rapidement en tout cas dans d'autres pays d'Europe. Moins de 1 % des produits agricoles français sont d'origine biologique, alors que ce chiffre monte à près de 10 % dans certains pays anglo-saxons, avec une forte percée en Autriche, en Allemagne et au Danemark. Le Danemark débat d'ailleurs de la possibilité de transformer *toute* son agriculture en agriculture biologique, renonçant définitivement à l'agriculture chimique. Le débat, on le voit, progresse.

Paradoxalement, la demande en produits *bio* est en France plus importante que l'offre, contraignant les distributeurs à s'approvisionner chez nos voisins ! Nous manquons d'agriculteurs *bio* dans ce pays, et d'une politique agricole incitative en ce domaine, pour répondre à une demande croissante des consommateurs. Il n'est, pour en juger, que de voir le succès remporté par les foires, les Salons et autres initiatives *bio*.

Telle est la direction vers laquelle il convient de s'engager fermement. Car telle est pour nous – et davantage encore pour les pays en voie de développement – la seule chance d'avenir. On ne manquera pas de faire remarquer que les produits *bio* sont plus chers. Il est vrai qu'ils ne bénéficient pas du système de subventions mis au point par la PAC et qui, jusqu'ici, n'a guère favorisé ce type de productions. Des transferts d'aides seraient sans doute décisifs pour réorienter l'agriculture dans une voie plus respectueuse de la nature, mais aussi des hommes et de leur avenir. De surcroît, la taille humaine de ce type d'entreprises ne pourra que favoriser l'emploi.

Il ne s'agit pas, ici, d'entrer dans certains conflits de chapelle qui ont pu ternir aux yeux de l'opinion l'image du *bio*. Ces petites et mauvaises querelles sont largement dépassées aujourd'hui par la vitesse même de l'évolution de l'agriculture. On félicitera au contraire les agriculteurs pionniers qui ont osé, avant tous les autres, sans soutien aucun, armés de leur seule force de conviction, ouvrir la voie à l'agriculture de demain. Car, demain, l'agriculture sera ou *bio*, ou « molécultrice ». Les champs exprimeront, dans le paysage, notre alliance avec la nature, ou bien ils seront transformés en « usines à molécules » destinées à produire des « alicaments » (mi-aliments mi-médicaments) par « nutricétique » et « génotique ». Inquiétante perspective, on en conviendra[1] !

Évoquer au contraire une agriculture qui, comme un grand paquebot, change de cap en se donnant deux à trois décennies pour réorienter entièrement ses objectifs et ses moyens – car il faut du temps et de l'espace pour en changer : voilà une perspective autrement encourageante et stimulante pour la génération qui vient et qui a besoin de projets mobilisateurs. Une telle réorientation ne léserait personne ; elle se donnerait le temps nécessaire à toutes les réadaptations et à tous les réaménagements à mettre en œuvre. Gageons d'ailleurs que les grands semenciers, les grands agrochimistes, les grands de l'agroalimentaire sauront prendre eux aussi le tournant, sensibles qu'ils sont à l'air du temps. Le temps change ? Ils changeront de même.

En attendant, pour ce qui est des plantes transgéniques, plaidons une fois encore pour l'adoption d'un moratoire !

---

1. On lira à ce sujet *La Fin du travail*, de Jeremy Rifkin, ouvrage longuement préfacé par Michel Rocard, La Découverte, 1996, et Jacques Attali, *Dictionnaire du XXIe siècle*, Fayard, 1998.

CHAPITRE XVI

Pour un moratoire

En avril 1996, une centaine de scientifiques français et étrangers signaient, à l'initiative de l'association ECOROPA et de la Ligue française des droits de l'animal, un *Appel pour un moratoire* visant à reporter toute décision de dissémination de plantes transgéniques dans la nature jusqu'à ce que des recherches approfondies nous aient éclairés sur les conséquences de ces relâchements. Faute de recul, répétons-le, on sait trop peu de chose sur le comportement de ces plantes dans la nature, comme on en sait trop peu sur le devenir et l'« écologie » du transgène fixé sur le génome, et guère plus sur les impacts de ces pratiques sur la santé humaine. En tous ces domaines, les connaissances scientifiques sont encore trop balbutiantes.

Mais une question se pose : un tel moratoire est-il possible, alors que les règles qui régentent le commerce international instituent et protègent la libre circulation des marchandises ? En d'autres termes, peut-on s'opposer à l'envahissement du marché européen par les plantes transgéniques américaines sans aller à l'encontre de ces règles ? Et, si oui, avec quels arguments ? On se heurte ici aux fameux accords du GATT qui ont abouti à la création de l'Organisation mondiale du commerce (OMC). Cette institution internationale d'inspiration strictement libérale restreint les marges de manœuvre des pays adhérant au traité et favorise la plus complète libéralisation des échanges, la fameuse « mondialisation de l'économie » – traduisons, pour ce qui nous concerne ici, l'hégémonie des États-Unis sur le marché mondial.

Cet hégémonisme américain, évident dans l'affaire des plantes transgéniques, est d'autant plus préoccupant que l'Europe dépend presque entièrement des États-Unis pour ses approvisionnements en produits aussi importants que le soja, par exemple. Laisseront-ils à l'Europe la faculté de se déterminer librement en faveur d'une agriculture qui joue avec la nature et non pas contre elle ? Seul l'avenir le dira. Ce serait en tout cas souhaitable, car les États-Unis semblent fort mal placés pour nous conseiller en matière alimentaire, alors que, chez eux, la faible diversité des aliments consommés et la généralisation des fast-foods génèrent de véritables maladies sociales comme l'obésité, le diabète et un taux élevé d'infarctus. Après tout, le *french paradoxe*, reconnaissant les effets heureux de l'alimentation à la française sur la prévention de l'infarctus, est un concept venu d'outre-Atlantique. Et si les interrogations fondées que nous formulons à l'égard des plantes transgéniques constituaient un autre « paradoxe » susceptible de protéger les consommateurs des risques générés par des technologies encore par trop incertaines ?

Revenons en quelques mots sur ce fameux libéralisme à propos duquel il conviendrait de s'entendre. Laisser un maximum de liberté aux entrepreneurs et aux entreprises est assurément nécessaire. Les libérer de la tutelle d'une bureaucratie tatillonne et formaliste, voire d'une technocratie envahissante ? Voilà un discours et un objectif qui reçoivent notre entière approbation. Mais le mot *liberté* a une tout autre connotation selon qu'il s'applique à un artisan, à une PME, à un simple médecin ou à une grande multinationale de l'agroalimentaire. Car la liberté reconnue à cette dernière ne tarde guère à empiéter sur celle des autres, réduisant finalement à néant, comme on l'a vu, celle des agriculteurs acculés à une situation de totale dépendance. De même, qu'on le veuille ou non, le maïs transgénique finira bien par rendre transgénique le maïs naturel, par simple circulation du pollen ! Quant aux PME, elles n'ont bien souvent d'autre choix que de se faire absorber et de disparaître, laissant le champ libre aux énormes empires économiques qui, demain, se partageront le monde non sans avoir mis à genoux les gouvernements nationaux. On sait les effets percutants sur l'opinion du chantage à l'emploi ou des menaces de délocalisations menaçant les pays dont les gouvernements se montrent trop peu coopératifs, autrement dit trop peu laxistes. Quel contrôle démocratique s'exercera alors sur ces colosses planétaires ? Que pèseront les consignes de boycott des consommateurs quand trois multinationales – voire une seule, un jour ! – prétendront nourrir la planète entière selon des normes qu'elles auront elles-mêmes décidées ? Or c'est vers une pareille situation que nous allons à grands pas. De ce point de vue, le credo néolibéral est fondamentalement inacceptable.

Plaider pour un moratoire, c'est aussi s'accorder un peu de temps pour repenser le « progrès » technologique, devenu désormais le grand « mythe porteur » du monde de l'argent et du profit. Car l'Europe, c'était tout autre chose ! Lorsque, par la célèbre déclaration du 9 mai 1950, Robert Schuman et Jean Monnet créèrent la Haute Autorité du charbon et de l'acier (CECA), ils décidèrent précisément de soumettre à cette haute autorité les grands maîtres de forges européens – les « trusts » de l'époque – qui, du coup, perdaient la « liberté » de fondre des canons et de fomenter des guerres pour écouler leur production à des gouvernements dépendant de leurs subsides ou d'une presse à leur solde. Aujourd'hui, un demi-siècle plus tard, une nouvelle guerre fait rage, la guerre économique ; elle abandonne au bord du chemin, d'un bout du monde à l'autre, des centaines de millions de victimes ou de laissés-pour-compte du progrès : chômeurs dépossédés de leur emploi, pauvres de toujours, nouveaux pauvres, petits commerçants ruinés, tiers et quart-mondes... À quand une « Haute Autorité » chargée de réguler – même si c'est aujourd'hui son antonyme, le verbe *déréguler*, qui est à la mode – les appétits ravageurs des nouveaux grands trusts mondiaux ?

Ce serait – j'espère que ce sera – l'honneur de l'Europe d'endiguer ce processus dévastateur et peut-être, demain, sous la pression des opinions publiques, de promouvoir enfin une économie au service de l'homme. Partout, dans ce but, des associations naissent, vivent et prospèrent : ici pour la protection et la mise en valeur de la nature, là pour la promotion de l'agriculture biologique, là encore pour la préservation du patrimoine naturel et culturel du Vieux Continent. Il devient chaque jour plus évident, dans les entreprises et ailleurs, que la priorité absolue donnée aux « impératifs économiques » au détriment de toute autre considération et de toute autre valeur est devenue insupportable et ne sera pas supportée plus longtemps.

Cette Europe non plus libérale – le mot est devenu trop lourdement connoté – mais *communautaire*, comme on disait jadis, est l'affaire de tous et de chacun. Seules des opinions publiques vigoureuses et résolues lui épargneront, au début du troisième millénaire, de n'être plus qu'un pâle reflet des États-Unis, une simple gare avec arrêt facultatif sur la voie rapide de la mondialisation. Voilà en tout cas un objectif sur lequel devraient se retrouver hommes politiques, scientifiques et société civile enfin réconciliés.

Pour conclure

Tout au long de ces pages nous avons, à la manière dont on procède pour un « audit », dressé le constat d'un double divorce d'où découle notamment la crise de confiance liée au dossier des plantes transgéniques : il s'agit de la fracture séparant non seulement les scientifiques, mais aussi les politiques de leur opinion publique, aujourd'hui qualifiée de « société civile ».

Les scientifiques, surtout les jeunes, pensent, agissent et travaillent dans leur laboratoire, en quelque sorte en amont des débats que suscitent leurs découvertes. Leurs orientations de recherche, le déroulement de leur carrière, leur vie quotidienne « à la paillasse » sont définis par le milieu scientifique au gré de ses rites, de ses modes, et en fonction des paradigmes qui dominent à chaque époque le monde de la science : hier la physique nucléaire, aujourd'hui le génie génétique. Or ces orientations échappent à tout contrôle démocratique. Au terme de ce millénaire, on n'a toujours pas assisté à un grand débat sur les orientations à conférer à la science, qui pourtant ne sont pas sans déterminer étroitement celles de nos sociétés. On l'a bien vu pour le nucléaire ; on le voit et on le verra aussi dans le cas des plantes transgéniques. Le processus est toujours le même : les découvertes scientifiques engendrent l'innovation technologique ; puis le monde économique s'en empare et, pressé par les intérêts financiers, « pousse les feux » de sorte que la société est sommée d'accepter le progrès, de se transformer, de se « moderniser » sans relâche.

Quels sont les risques, pour l'homme, de ces bouleversements qu'il n'a pas choisis et qu'on lui impose « d'en haut » ? Tandis que ces questions nous assaillent, les responsables politiques essaient de parer au plus pressé, tout empêtrés dans la nécessaire gestion du quotidien et la « crise du politique » qui leur tient lieu de toile de fond... Alors que c'est la démocratie elle-même qu'il conviendrait de repenser en y intégrant le débat public sur les grandes orientations de société générées par les progrès de la science, les avancées technologiques, leurs retombées économiques et, *in fine*, l'envahissement du marché par des produits et gadgets de tous ordres que jamais personne n'a réclamés mais qu'une propagande tantôt insidieuse, tantôt matraqueuse, vient imposer au plus grand nombre.

Alors que tout un chacun aspire au respect, à la considération des autres, au droit au travail, à la santé, à l'épanouissement affectif et spirituel, la société (il conviendrait plutôt de dire : quelques grosses sociétés...) répond par les plantes transgéniques et le téléphone portable ! Étrange décalage... Autre aspect de cette « fracture sociale » que tous dénoncent et que génèrent précisément ce type d'enchaînements...

Pour ce qui est des risques liés à la dissémination des plantes transgéniques, mon souhait le plus vif serait de me tromper. Je n'éprouve aucune joie particulière à « monter au créneau » pour les dénoncer. Seuls me conduisent à le faire un certain sens du devoir et une vigilance depuis longtemps attachée à préserver l'héritage censé revenir aux générations futures. Nous n'arrêterons peut-être pas la formidable poussée des plantes transgéniques. Trop d'intérêts sont en jeu. Comment contenir des lobbies tout-puissants lorsqu'on n'est soi-même qu'un simple écologiste ? Un « Vert », comme on dit... Mais certes pas un « Vert » solitaire ! Car, derrière moi, c'est la Vie qui réclame ses droits ! Ce sont les jeunes à qui nous devons laisser une Terre habitable. Ce sont aussi les humbles gens, ni décideurs politiques, ni capitaines d'industrie, qui en appellent au simple bon sens face aux dangereuses prouesses de nos modernes apprentis sorciers.

Vox populi, vox dei... La *vox populi*, aujourd'hui, ce sont les sondages. Malgré toutes les réserves que l'on peut émettre à leur sujet, il convient de leur prêter attention si l'on veut éviter, au sein du corps social, craquements et ruptures. Car le fossé s'élargit entre une opinion inquiète, des scientifiques inconscients et des politiques impuissants. Sachons freiner à temps ! Sachons décoder les fameux « signes des temps », pointant çà et là dans l'actualité, avant que les fléaux qu'ils annoncent ne nous atteignent de plein fouet.

Ainsi de cette petite « Marguerite », ce veau cloné qui vient de mourir en bas âge d'une gangrène gazeuse. Son système immunitaire était-il donc si défaillant ? On songe à cette pauvre bête présentée à grand fracas dans la presse comme le symbole d'une ère nouvelle dans les pratiques de l'élevage, soudain décédée aussi mystérieusement que prématurément.

Car le zèle dévastateur du transgénisme et du clonage à tout prix n'épargne pas plus l'animal que le végétal, avant de passer à l'homme lui-même, déjà prêt, lui aussi, nous annonce-t-on, à être cloné...

On en reste sans voix ? Eh bien non, nous ne resterons pas muets ! Et je ne doute pas que notre voix finisse par être entendue, que des précautions plus grandes soient prises, de sorte que les risques puissent être réduits au minimum et les populations protégées au maximum. Voilà un objectif à poursuivre dans la paix et la sérénité, hors de tout esprit polémique ou bassement intéressé. Nul intérêt particulier n'est ici en jeu, car il s'agit de l'intérêt de tous. Si, cédant à la passion, nous avons donné libre cours çà et là à notre humeur ou à notre humour noir, ces traits ne visaient naturellement personne en particulier et n'avaient d'autre but que de donner un peu plus de couleur et de vigueur à nos idées.

Des idées que l'on a pu retrouver formulées ailleurs, dans une série de réflexions plus intimes, exprimées cette fois sur un mode plus personnel et littéraire. Mode d'expression parfaitement complémentaire du langage scientifique, comme sont complémentaires les intuitions émises par l'hémisphère droit du cerveau et les productions plus rationnelles de son hémisphère gauche. Car c'est de l'équilibre entre l'un et l'autre que naît et s'affirme notre vision du monde et que vient à fleurir notre « jardin de l'âme[1] ».

Metz, mai 1998

---

1. Jean-Marie Pelt, *Le Jardin de l'âme*, Fayard, 1998

Table

Le dossier socio-économique

Achevé d'imprimer en mai 1998
sur presse Cameron,
par **Bussière Camedan Imprimeries**
à Saint-Amand-Montrond (Cher)
pour le compte de la librairie Arthème Fayard
75, rue des Saints-Pères – 75006 Paris

35-30-0348-01/9

Dépôt légal : mai 1998.
N° d'Édition : 9291. N° d'Impression : 982736/4.

Imprimé en France

ISBN 2-213-60148-8